中醫藥食療手冊 3

# 陽台上的中草藥隨手用

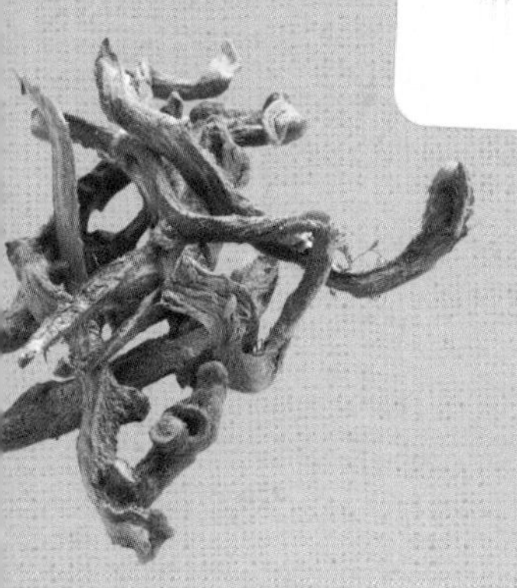

**主編**

區靖彤 教授

**統籌**

香港高等教育科技學院

中國醫藥及文化研究中心

**萬里機構**

# 陽台上的中草藥—隨手用

## 編委會

**主編**

區靖彤

**副主編**

葉文懿、甄家希、譚倩欣

**編輯委員**

周若龍、王曉彤、唐詠芯、羅韶勤、殷浩鈞

**編輯助理**

孫婉瑩、黎美孜、葉晉語、鍾麗映、程樂天、
呂舜權、黃潤沁、陳倬賢、梁嘉怡

**攝影指導**

潘偉雄、李肇鋒

**統籌**

高科院
Thei

中國醫藥
及文化研究中心

# 主編序言

在2022年，感謝帝盛酒店集團及遠東發展有限公司贊助香港高等教育科技學院（THEi高科院）及建立中國醫藥及文化研究中心，並借出一幅位於西貢北港村，佔地面積40,000英尺的農地，栽種香港常見、常用的嶺南特色中草藥用作研究，並取名為「德根盛園」。在「德根盛園」中的每一株草藥都是高科院的師生的心血，從規劃植物品種，開墾土地，到將幼苗埋在土裏，我們都親力親為。我們期待它們發芽成長，開花結果，在園內中開枝散葉，正如中醫藥的傳承，一代傳一代，永不止息。這段珍貴的經歷亦讓我們認識了不少愛好種植的朋友，不少參與的校外義工也加深了對中草藥的了解和認識。猶記得當時六月初夏，我帶著我的學生一同在西貢農地上種植草藥苗，雖然那段時間不時有雨，但天公造美，氣溫正好。在燦爛的陽光下，學生臉上的汗珠閃閃發亮，如同他們臉上的笑容一般，大家都滿身泥土，汗水淋漓，但上揚的嘴角從未落下過。在幾個月後，同學們再次到訪藥園，種下的小苗已經逐漸長成，變得枝繁葉茂，不少更正值花期和果期，一片欣欣向榮的景象，學生們拿着收成的草藥，充滿滿足和喜悅。他們熠熠生輝的表情，將會是我教學生涯的珍寶。

在和植物與泥土接觸的過程中，可以忘卻生活中所遇到的壓力和情緒，沉浸在陽光和樹影中，與自然融為一體。學生們當時所洋溢的青春和活力，和藥園中初春新冒的嫩芽一般，令人着迷，讓我切實地感受到園藝治療當中所述：通過與自然建立連結，重拾生命的熱情的意義。現時幼兒園所推行的「一人一花計劃」，也是透過種植活動，認識植物的生長周期，培養責任心和耐心，了解生命的價值和重要性，學習愛護和尊重自然。每次兒子為他的花苗澆水，與它説悄悄話時，我都會為他的天真爛漫而會心微笑，相信他也感覺到與植物相處所帶來的輕鬆和愜意吧。

而我作為一名中醫，在面對因為壓力導致失眠、食慾不振等肝鬱症狀的病人時，我都會建議他們嘗試培養種植的興趣，利用與植物相處的時光來進行自我療癒。自19世紀，人們便開始以植物作為媒介進行療癒活動，根據研究，通過進行播種、移植、採收等園藝活動，透過接觸自然，感受植物的生命力，欣賞並品嘗豐收的成果，能有效緩解壓力、焦慮和抑鬱。以學習種植為起點，亦可以學會熱愛自己的日常生活，重燃生命之火。

種植活動有陶冶性情，治癒心靈的作用，若能加入中醫藥元素，豈不是能達到治癒身心的雙重效果？藉着這個想法，我開始留意坊間關於園藝及種植的書本，發現書中很少會提及如何應用自己的心血成果，大多着重介紹不同植物，甚少介紹植物的應用方法。但我相信，若能令自己用心種植的植物成為日常生活中的其中一環，能帶來更大的滿足感。所以，我決定寫一本結合種植及草藥應用兩種元素的書籍，讓更多人能體會種植及草藥治療所帶來的身心靈滿足。在這一年間，我聯同中國醫藥及文化研究中心的團隊帶領 THEi 高科院中藥藥劑學的三年級生，於暑假期間着手搜集適合嶺南地區氣候，適合在香港家居環境栽種的常用草藥資料，並分享一些簡單使用的草藥應用方法，再由本校的畢業生進行整理及編寫。除了植物的資料，我們亦整合關於不同藥用植物的一些文化小故事和實用醫案。中華文化海納百川，博大精深，不少在常用於中藥的植物來自海外，在當地擁有自己的文化故事及象徵意義。在這本書中，我們將帶領讀者深入了解藥用植物，從特徵，應用，到小故事，在生活中隨手應用家中栽培的草藥，貫徹種植療心，草藥療身的理念，達至身心康健。

《中醫藥食療手冊 3：陽台上的中草藥——隨手用》如同中國醫藥及文化研究中心和高科院老師、學生和畢業生在各位讀者心中種下的一枚種子，期盼跟文中所述的植物一樣，能發芽生根，茁壯成長，學懂如何治癒自己的身心靈，調養心神，達到天人合一的境界。

區靖彤

2024 年 6 月 25 日

# 目錄

## 第一章
## 種植難度：★★★

# 第二章

## 種植難度：★★★

# 第三章
## 種植難度：★★★

# 導覽

## 陽台種植指南

### 植物擺放

因應坐向及地理位置的影響，同一個陽台的環境亦會有所不同，而太陽光照的強度更會直接影響植物的健康。所以，在開始種植前了解陽台或家中不同光照程度，可以更有效地規劃植物擺放的位置。使用花架或懸掛式花盆亦可以節省地面空間，為植物提供更多光照。

### 家居朝向

**東**：上午能照射到晨光，屬於半日照環境，陽光直射的時間較短；

**西**：在下午有猛烈的陽光，日曬時間較長，溫度也較高；

**南**：全日均有充沛的陽光；

**北**：幾乎沒有太陽直曬的時候，只有散射光，溫度較低。

### 擺放位置

**露台或窗戶最外側**：光照最多，適合擺放日照需求較高，需要太陽直射的植物；

**露台或窗戶一米內**：日光直射時間較短，擁有明亮的散射光，適合半耐陰，不喜直曬的植物；

**露台或窗戶一米外**：僅有散射光及燈光，屬於低光環境，適合耐陰植物。

注意：因應環境不同，植物實際接受的光照強度及時間亦會有差異，應因應實際狀態作出位置上的變動，或添加遮陽措施和補光燈等，讓植物健康生長。

## 植物選購指南

在了解植物需求，規劃好植物的擺放位置後，便可以把心儀的植物帶回家。一般而言，獲得植物的途徑有兩種：植物的種子或盆栽。

種子大多經工廠統一包裝出售，寫有植物的品種名稱及適合的環境，蟲害及摻雜品較少，價格相宜，但需要經過種子發芽、育苗、成長等步驟，所需收成時間較長。而且嫩苗脆弱，容易因為不適應溫濕度而枯萎，需要用心照顧。

植物盆栽多為已經成熟、穩定的植物，對環境的適應力較強，更適合園藝初學者，而在選購植物時，需要多加留意以下幾項：

**植物的健康狀態：** 檢查植物的葉子、枝幹和根部是否健康。避免選購有損傷、腐爛或凋謝的植物。同時，檢查植物是否有害蟲或病菌感染的跡象，例如蟲害、病斑或蟲孔。

**植物的名稱及品種：** 花卉市場中的植物一般都用其商業名稱進行貿易，一些外形相似，但品種不同的植物有機會用同一個名稱進行販售，亦有植物擁有多於一個商業名稱。故此在選購時需要檢查植物的特徵以進行品種辨識，或在有疑慮時向店員查詢。

**植物的尺寸：** 一些植物生長速度較快，在生長過程中可能會變大，在購入前建議先預留生長空間，或適時修剪。

**購買地點的信譽：** 建議貨比三家，選擇可靠的賣家或花店購買植物，以確保所購植物的健康和品質。

植物在經歷環境轉變後需要一定時間適應，有機會出現落葉、花苞凋謝等情況。若檢查過枝幹及根系正常，沒有病蟲害的現象，請耐心等候植物適應環境後長出新芽。

## 留意植物的需要

因為每個人的家具環境不易，故此並沒有一條萬能的種植公式能保證植物在家中能夠順利成長。但只要多留意植物的狀態和需求，並做出回應，定能讓植物茂盛且茁壯地成長。

**觀察要點和技巧**

衡量植物水分足夠與否可以依靠盆土的重量辨別，盆輕則澆，盆重不澆是防止植物過濕爛根的不二法門，若發現植物狀似缺水，但盆土濕潤沉重，便可能是根系出現問題，需要脫盆修剪腐爛的根系並進行消毒。

當發現植物的根系開始出現在泥面，便需要為他換一個更大的花盆了。一個良好的花盆必須配備排水孔，而且有足夠的深度容納植物的根系。換盆時應該將根系連同周遭的土壤一同取出，再放入新花盆中，讓植物的根部高度保持在花盆口下方 1-3 厘米，填土並澆水。

不少植物都需要定期修剪以控制高度並刺激新芽的生長，若發現植物主幹越來越長，葉片變小，缺少旁生側芽，便需要剪除主幹頂端的葉片，保留主幹營養，確保植物的健康。

種植在戶外的植物特別容易遭遇病蟲害，需要定期留意植物葉片是否完整，有沒有白斑、缺口等，辨別病蟲害種類，以作出相應對策。

**植物的生長周期**

植物的壽命有長有短，但大致分成一年生植物及多年生植物兩種。

**一年生植物**：大多草本植物都是一年生植物。一般會在春天發芽，夏天開花，秋天結果，冬天凋謝，留下種子，在溫暖的春天中再次萌發新芽，延續族群的壽命。而要延長家種一年生植物的生命，則要勤修剪，去除老枝、花梗及頂芽，並定期施肥，提供足夠的營養刺激新苗生長，延長植物的壽命。

**多年生植物**：大部分灌木及喬木都是多年生植物。顧名思義，它們的壽命較長，在長至特定大小後才會開花結果，繁衍後代，繁衍結束後亦不會死亡，在環境合適的情況下可以一直生長。而一些多年生草本植物在冬季時地上部分會枯萎，狀似一年生植物，但它們擁有肥厚的根莖或其他地下部分，它們秋冬時捨棄地上的莖葉，將營養儲藏在地下部分以渡過嚴冬，留待春天再次生長。

**種植難度**

不同的植物有各自喜好的環境、營養需求及生長速度，對環境的適應能力都有所差異。而在香港，市面上大部分都是以觀賞為目的的園藝花卉，要購買到藥用植物品種亦有一定難度。若想在家栽種，很多時候需要由種子或根莖開始栽培。故此我們將會以植物的適應能力以及市場上取得的難度，為本書介紹的藥用植物分成不同的種植難度：

難度★☆☆

對土壤及環境變化的適應能力較強，整體植株較小，容易照顧及打理，較少出現病蟲害，在市面上也容易獲取，是新手入門的好選擇。

難度★★☆

對土壤及環境溫度有要求，植株較大，需要預留足夠生長空間，並注意補充肥料，市面上亦不難買到，適合對種植有一定認識，希望接觸更多類型植物的人士。

難度★★★

對土壤、陽光、水分的要求比較嚴格，植株較大，需要在其適應的環境保留一定空間以作通風用途，較容易出現病蟲害，需要更多關注及照料，市場上較少出現穩定的成年植株，多以幼苗、種子、或根莖的方式售賣，需要花費更多時間和心力培育，適合種植經驗豐富的人士栽種。

**採收的技巧**

春夏時適宜採收莖葉等地上部分，宜用消毒過的剪刀剪取枝條茂盛的嫩葉或嫩枝，若情況許可建議保留芽點以供植物萌發新芽。

秋冬時適宜採收塊根、根莖等地下部分，宜先剪去植物的地上部分，再挖出根莖，將除去鬚根及泥土後清洗乾淨。

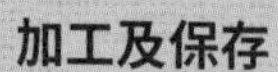

**加工及保存**

視乎使用方法，藥用部位的加工可以分成以下幾種：

**鮮用**

植物在剪下來後很快便會因為脫水乾枯，若非即時使用，建議將切口放入清水中，或將全株泡水備用，補充散失的水分，或放入密實袋存放於雪櫃低溫保存。

若用於外敷，則建議先將植物切成小塊，再用乳缽等研磨器搗爛，磨成糊狀後盡快使用，以免有效成分氧化流失。

**烘乾**

將藥用部位乾燥後可以存放於陰涼處，延長其保存時間。

**焗爐**

將植物平鋪在烤盤上，用中小火烘烤至水分蒸發變輕後即可，需要適時進行翻面以免烤焦。

注意：高溫會導致揮發油揮發，不適合藥用成分以揮發油為主的藥材。

**微波爐**

將植物平鋪在廚房紙上，用中火微波 30 秒至 1 分鐘，至水分蒸發變輕後即可。

注意：不適合水分較少的根莖類藥材。

**食物風乾機**

將植物平鋪在風乾機的托盤上，用約 60℃ 烘烤 6-8 小時，便能去除植物水分。

注意：使用前應該先將植物表面水分完全去除。

**曬乾**

於天氣晴朗，陽光燦爛時，將採收到的藥用部位放置於能照射太陽的空曠處晾曬，利用陽光蒸發植物體內多餘的水分，並殺菌、殺蟲，能高效率地為藥材進行乾燥加工，方便保存。但在晾曬時需要留意天氣變化，以免藥材淋雨。

**陰乾**

將藥材平鋪擺放在陰涼通風處進行乾燥，需時較久，但能最大程度地保留植物原本的顏色及氣味，適合充滿揮發油或有效成分容易被高溫分解的植物，例如：九里香、月季花等。

**保存方法**

較容易完全乾燥的藥用部位，例如枝葉、全草等，在乾燥後可以用玻璃罐或密實袋密封保存，存放於陰涼處。

內含水分或澱粉較多的藥用部位，較難完全乾燥的藥用部位，例如肉質莖葉、根莖、果實、種子等，在乾燥後建議可以用玻璃罐或密實袋密封保存，然後放在雪櫃低溫保存，以防藥材返潮產生霉變。

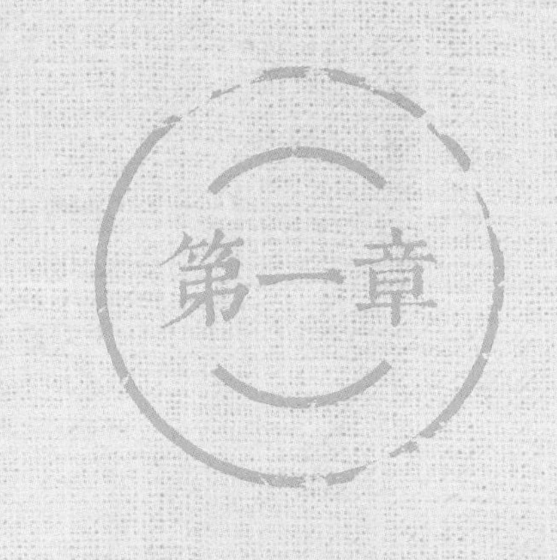


# 種植難度：

01

# 九里香

**別名：**
月橘、過山香、十里香

**植物來源：**
芸香科　九里香
*Murraya exotica* L.

## 簡介

九里香，其花香香遠益清，株姿優美，最適宜生長的溫度範圍為 20°C -32°C，不能耐寒。 其生長須置於充足陽光、通風良好的環境，才能保持茂盛葉冠和濃郁的香味。

九里香為常綠小喬木。葉正面深綠色光亮，背面青綠色，紙質或厚紙質；花白色，芳香；花絲白色；柱頭黃色，粗大。

**傳統功效：**
九里香以葉和帶葉嫩枝入藥，有行氣止痛，活血散瘀的功效。用於胃痛，風濕痹痛；外用治牙痛，跌扑腫痛，蟲蛇咬傷。

## 動手種植

種植難度：★★★

**栽培條件：**

**壤土：**宜使用疏鬆肥沃的微酸性壤土。

**陽光：**喜光，需長時間日照，6 小時以上為佳。

**水分：**宜每 2 週澆水 1 次，夏季可更頻繁澆水，忌積水。

**施肥：**每月施 1 次固氮磷鉀複合肥，需要結合澆水，以免燒根。

**種植時長：**

種植約 2 年後採收枝葉。

**種植季節：**春季

**種植方法：**扦插繁殖

**栽培介質：**泥炭土、珍珠石

**適宜擺放：**花園

## 採收加工

全年均可採收枝葉，鮮用；或除去老枝後將枝葉陰乾。

# 隨手用

## 九里健胃粥

**材料**

乾九里香枝葉 9 克
白米 1 杯　　冰糖適量

**製法**

1. 取乾九里香枝葉，加 250 毫升水，煮約 20 分鐘。
2. 加入淘洗過的白米，先以大火煮沸 10 分鐘，再轉小火熬約 30 分鐘，以冰糖調味後即可服用。

**用法**

不適時代餐服用，少量多餐，服用一星期。

**用途**

改善肚脹、腸胃炎、消化不良及腸胃不適。

若不喜甜粥，亦可加入已汆水的瘦肉及鹽進行調味。

外用

**材料**

鮮九里香枝葉 10 克　茶包 1 個

**製法**

1. 將鮮九里香枝葉置於茶包內，加入冷水浸泡約 15 分鐘。
2. 浸泡後，加水約 400 毫升，蓋上煲蓋用大火煮至沸騰後轉小火煎 10 分鐘。
3. 撈出茶包，將水煎液倒至容器中稍為冷卻 10 分鐘後即可使用。
4. 可置於密封容器，常溫儲存約 24 小時。

**用法**

每日早晚塗抹於患處 2 次。

**用途**

改善濕疹、皮炎的痕癢和疼痛感，消退紅腫。

**注意事項**

使用前，建議在小區域進行皮膚測試，確保皮膚沒有過敏反應。如果出現任何不適，請停止使用並尋求醫療協助。

咀嚼

**材料**
鮮九里香枝葉 1 片

**用法**
用餐後或感到牙痛時摘鮮葉 1 片，放入口中咀嚼 3-5 分鐘。

**用途**
改善牙痛及口臭。

**注意事項**
九里香生品刺激性較強，應避免頻繁使用，且咀嚼後將殘渣吐出。

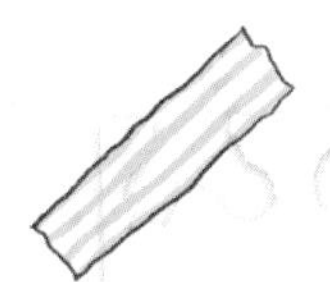

## 趣味小故事

三九胃泰是內地一種常見且暢銷的中成藥，具有清熱燥濕、行氣活血、柔肝止痛的功效，對於治療上腹隱痛、飽脹噁心、胃炎等胃病有顯著的療效。

其名字中的「三九」取自藥方中兩味中藥：三叉苦和九里香。方中的三叉苦配合兩面針、黃芩、地黃三味藥材共同發揮出清熱燥濕的功效；而九里香與木香合用增強其行氣止痛的作用。

三九胃泰膠囊及顆粒作為中成藥對胃病無疑有良好的治療效果，但胃病成因及病機有多種，在服用任何中成藥前應先閱讀說明書，若有疑問便要諮詢中醫師或中藥藥劑師的專業意見，並遵醫囑指示服用，才可確保用藥安全，達到舒緩治療的功效。

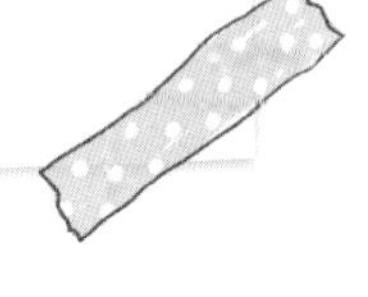

**別名：**
駁骨丹、尖尾鳳、接骨草

**植物來源：**
爵床科　小駁骨
*Gendarussa vulgaris* Nees

## 簡介

小駁骨是一種常見的中草藥，在自然環境中容易採集。民間常用於作外敷，治療跌打腫痛和關節發炎。

小駁骨為多年生直立草本或亞灌木，全株無毛。嫩枝常深紫色；葉紙質，狹披針形或線狀披針形；中脈深紫色；花白色或粉紅色。

**傳統功效：**
小駁骨以地上部分入藥，有祛瘀止痛，續筋接骨的功效。用於跌打損傷，筋傷骨折，風濕骨痛，血瘀經閉，產後腹痛。

## 動手種植

種植難度：★★★

**栽培條件：**

**壤土：**宜使用排水良好、保持濕潤的壤土。

**陽光：**喜光，適合半日照溫暖環境。

**水分：**宜每週澆水 1 次，夏季可更頻繁澆水。

**施肥：**於早春和秋季期間，施用氮和磷含量較高的顆粒肥料。

**種植時長：**

種植約半年至 1 年後採收地上部分。

**種植季節：**秋季

**種植方法：**扦插繁殖

**栽培介質：**泥炭土、珍珠石

**適宜擺放：**客廳、陽台

## 採收加工

於夏、秋二季採收。將枝葉洗淨、切段，鮮用；或將枝葉曬乾使用。

## 隨手用

### 內服

### 經痛蜂蜜飲

**材料**

鮮小駁骨 5 克　　蜂蜜適量

**製法**

取鮮小駁骨，視乎喜好加入蜂蜜和約 200 毫升溫水，攪拌均勻後便可飲用。

**用法**

經痛時飲用 1 杯。

**用途**

改善痛經。

**注意事項**

孕婦慎服。

### 外用

**材料**

鮮小駁骨、米醋各適量

**製法**

將適量鮮小駁骨搗爛，然後加入米醋調和。

**用法**

敷於患處，外加紗布包紮，敷藥需每日更換。

**用途**

接筋續骨，消腫止痛。用於跌打損傷、筋傷骨折及風濕骨痛。

**注意事項**

患處若有表面傷口不可使用此法。

## 乾葉包

**材料**

乾小駁骨 20 克

**製法**

將小駁骨置於紗布袋內便可以使用。

**用法**

將乾葉包放在衣櫃，每月更換 1 次。

**用途**

驅蟲。

**注意事項**

應放在小童或寵物接觸不到的地方避免誤服。

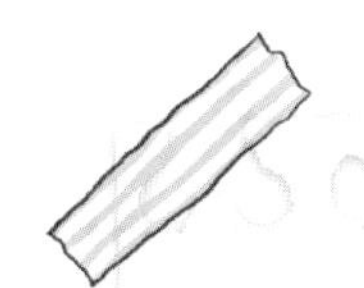

## 趣味小故事

跌打骨傷是中醫藥的優勢和特色之一，治療骨折多先進行手法復位後以夾板固定。為了加快治療進度和減少骨折後的紅腫等不適反應，醫師會用藥物幫患者進行外敷。在嶺南地區，小駁骨便是常用敷藥之一。跌打師傅的屋前屋後常種有小駁骨，應用時，將鮮枝葉搗碎後加入麪粉混合，然後加入米醋或米酒炒熱後敷在骨折處，可使骨折更快痊癒，亦可以消腫止痛。用小夾板固定加上外敷藥，可以避免因打石膏固定導致的肢體廢用性肌肉萎縮及骨質疏鬆的發生。

03

# 梔子

**別名：**
山梔子、野梔子、黃梔子

**植物來源：**
茜草科　梔子
*Gardenia jasminoides* Ellis

## 簡介

梔子是眾多的清熱藥中唯一一種有清泄三焦之火功效的藥物，上清心肺熱，中清脾胃肝膽熱，下清膀胱腎火熱，故經常被加入在清熱瀉火相關的方劑和中成藥中。

梔子為常綠灌木。葉革質到硬紙質，正面光澤無毛，背面被柔毛；花大，白色，清香，甜而不膩，濃而不醜；果實橙黃色或黃色，卵形或橢圓形。

**傳統功效：**
梔子以成熟果實入藥，有瀉火除煩，清熱利濕，涼血解毒的功效；外用能消腫止痛。用於熱病心煩，濕熱黃疸，淋證澀痛，血熱吐衄，目赤腫痛，火毒瘡瘍；外用治扭挫傷痛。

# 動手種植

**種植難度：**★★★

**栽培條件：**

**壤土：**宜使用排水良好、肥沃疏鬆、pH 值在 5-6.5 之間的酸性砂質壤土。

**陽光：**耐陰，但充足的光照能促進花開及生長，每日光照 3-6 小時為佳。夏天應適當遮蔭，避免曬傷及氣溫過高。

**水分：**約每週澆水 2 次，在高溫及乾燥的情況下視乎情況增加澆水頻率。

**施肥：**春、夏季時每月施用含有氮、磷和鉀的複合肥料或有機肥。

**種植時長：**

苗高 30 厘米時大多會開花。

**種植季節：**春季、秋季

**種植方法：**種子繁殖

**栽培介質：**泥炭土、珍珠石

**適宜擺放：**客廳、陽台、花園

# 採收加工

於 10 月間果實成熟，果皮呈黃色時採摘。將果實除去果梗和雜質，置沸水中略燙後曬乾或烘乾；或將果實直接曬乾或烘乾。

# 隨手用

內服

## 梔子降壓茶

**材料**

梔子、菊花各 5 克

**製法**

所有材料以清水洗淨後，加入熱水 250 毫升，泡 5-10 分鐘後便可飲用。

**用法**

早晚各 1 杯。

**用途**

瀉肝火，降血壓，舒緩頭痛頭暈。

## 梔蓮清心粥

**材料**

梔子、蓮子各 10 克
白米 1 杯

**製法**

1. 把材料洗淨後以清水浸泡約 1 小時備用。
2. 在鍋中加入清水約 1 升，以大火煮沸後將所有材料連同浸泡所用的清水倒入鍋中，煮沸後轉成中小火慢煮成粥。
3. 隨個人口味調味即可食用。

**用法**

每日 1 次，晚膳時代餐服用，持續 3-5 天。

**用途**

清心火，舒緩失眠問題。

## 梔子甘草豆豉湯

**材料**

梔子 9 克　　炙甘草 6 克
淡豆豉 4 克

**製法**

1. 將梔子壓碎，與炙甘草加入約 800 毫升清水，以大火煮沸，再轉中火煮約 30 分鐘。
2. 加入以煲湯袋裝好的淡豆豉，以中火續煮 20 分鐘即成。

**用法**

在嘔吐後飲用，每日 2 次，每次 1 碗。

**用途**

改善消化道炎症導致的嘔吐不適。

**注意事項**

梔子性味苦寒，脾胃虛弱者忌用。

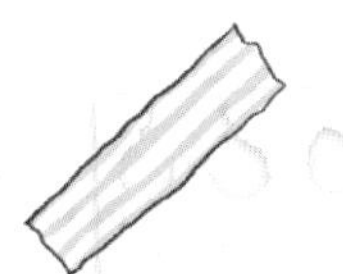

## 趣味小故事

梔子除了作為中藥外，亦常常被用作天然的染料。梔子的果實含有豐富的梔子黃、藏紅花素及藏花酸，能對纖維進行染色。據記載，以梔子染布的歷史始於西周，浸泡梔子水煎液的布料會染成明亮的黃色，故此經常被製成皇帝及貴族所穿着的衣物，平民百姓禁用。在長沙馬王堆漢墓出土的黃色染織品便是由梔子染製而成。

除了染布，因為梔子對人體無害，亦常作為食用色素使用。例如燒味店常見的白切雞便在烹調過程中加入了梔子，用作去腥，並讓雞皮變黃，促進食慾。粵菜中常用的油麪之所以呈黃色，也是因為製作過程中加入了梔子色素的緣故。而在台灣，梔子更是一種傳統甜點——粉粿的必備材料之一，因其軟糯的口感，粉粿在最近再次成為手搖飲料的冰品甜點中受歡迎的配料。粉粿的製作方法並不困難，大家在家中亦可以嘗試動手製作，一嘗台灣古早甜點的滋味。

別名：
雞腳艾、野艾蒿、白蒿

植物來源：
菊科　五月艾
*Artemisia indica* Willd.

## 簡介

五月艾為純陽之物，具有驅邪祛病的功效。在中醫處方中經常使用艾，還會採收新鮮艾葉製成艾絨，進行艾灸以溫經散寒。在中國歷史上，古代人們在端午節時，會採集艾草掛於門窗、食用艾粽子、煙薰乾燥葉片、佩戴艾草以求祛除瘟疫、保平安。

五月艾為多年生草本或亞灌木。葉正面被有灰色或淡黃色絨毛或後脫落，背面被有濃密灰色絨毛。花多數帶紫色。

**傳統功效：**
五月艾以葉入藥，有溫經止血，散寒止痛的功效；外用能祛濕止癢。用於吐血，衄血，崩漏，月經過多，少腹冷痛，經寒不調，宮冷不孕；外用治皮膚瘙癢。

# 動手種植

**種植難度：**★★★

**栽培條件：**

**壤土：** 宜使用偏好疏鬆、濕潤、肥沃的壤土。

**陽光：** 每日至少需要 6-8 小時的直射陽光，但應避免暴露在夏日午後猛烈的陽光下。

**水分：** 每週澆水 1 次，但冬天時每月澆水的次數不應超過 1 次。

**施肥：** 每次在採收艾葉後施含氮、磷和鉀的複合肥料。

**種植時長：**

種植約 3 個月後採收葉片。

**種植季節：**春季、秋季

**種植方法：**種子繁殖

**栽培介質：**泥炭土 / 椰土、珍珠石

**適宜擺放：**花園

# 採收加工

於每年 5 月割取地上部分，摘取葉片及嫩梢，鮮用或曬乾。

# 隨手用

## 艾葉雞蛋糖水

**材料**

乾艾葉 10 克　　生薑 3-5 片
雞蛋 2 隻　　大棗 10 克
紅糖適量

**製法**

將所有材料用文火煎 30-40 分鐘，按喜好加入適量紅糖，即可食用。

**用法**

感到疼痛時服用，服用後半小時內痛楚應得到舒緩。

**用途**

舒緩腹冷、經期引起的疼痛。

**注意事項**

有實熱者不應使用。

## 艾葉薏仁粥

**材料**

鮮艾葉 5 克　　生薑 2 片
薏苡仁 50 克　　白米 1 杯

**製法**

1. 把所有材料洗淨備用。
2. 在鍋中加入 1000 毫升水然後開鍋煮滾，倒入預先準備好的材料，然後以大火再次煮滾，中途不停攪拌以避免糊底。
3. 煮滾後轉細火，蓋上鍋蓋煮 20 分鐘便可以食用。

**用法**

每日 1 次，食用 3-5 日。

**用途**

舒緩胃寒引起腹痛及濕邪犯胃引致的疲倦和食慾不振。

**注意事項**

孕婦慎服。

## 外用 艾薑足浴包

**材料**

乾艾葉 15 克　　生薑 3 片

**製法**

1 將藥材置於紗布袋內，使用時加入水 1500 毫升，以文火煮 10 分鐘。

2. 將藥液倒進浴盆後，待水溫回落至不會燙腳的水平便可以開始足浴。

**用法**

每週 2 次，每次 15 分鐘，使連續用兩週。

**用途**

舒緩氣血不暢引起的肢冷和肌肉關節酸痛，改善腳氣問題。

**注意事項**

- 浸泡時間不應超過 15 分鐘。
- 有心血管疾病人士應避免使用。

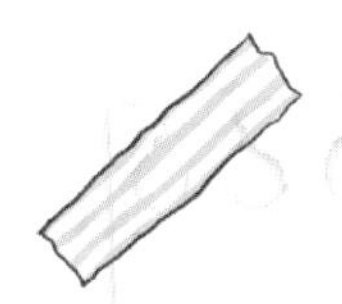

# 趣味小故事

每年春天，清明節前後是五月艾初生的日子，田野間會開始長出一棵棵嫩綠色的艾草。這個時候的艾草尚未成熟，所以吃起來清香無渣，嶺南地區一帶的人尤其是客家人便會採集艾葉來製作一道傳統小食——艾糍。

客家人會將採集的艾葉仔細地用水清洗，除去相對堅硬的老葉和硬質，然後用刀或研砵將艾葉搗爛，加入水和紅糖煮成糊狀，再加入糯米粉或粳米粉，搓揉混合成艾糍的外皮，然後根據喜好包入花生、芝麻等內餡，蒸熟後便可以食用。雖然艾糍的製作步驟並不繁複，但其傾向獨特的滋味很好地維繫了村落中的鄰里關係，客家人口中更有一句諺語：「清明前後吃艾糍，一年四季不生病。」體現了客家人對此傳統食品的重視。在不同地區，艾糍的製作方法亦有所不同。在 2019 年及 2021 年，英德艾糍製作技藝及仁化艾糍製作技藝分別被列入清遠市第七批市級非物質文化遺產代表性項目名錄及韶關市第八批非物質文化遺產名錄。這類蘊藏深厚文化的傳統小食亦越來越受歡迎，網上已有不少人致力於推廣快將失傳的傳統食品，令這些美食再次發揚光大。

**別名：**
火炭毛、火炭母草、山蕎麥草

**植物來源：**
蓼科　火炭母
*Persicaria chinensis* (L.) H. Gross

## 簡介

火炭母是香港常見的一種植物，通常在路邊草叢，或郊野的水邊都可以看見其身影。火炭母的生命力強，廣泛分佈於亞洲多個國家包括中國、日本、緬甸、印度等。由於其強大的繁殖力以及快速的生長速度，一度被紐西蘭生物安全局視其為「高度入侵植物」並受到關注。

火炭母為多年生草本。莖具多分枝；葉正面鮮綠色或有 V 形紋；花白色、淡紅色或紫色。

**傳統功效：**
火炭母草以地上部分入藥，有清熱利濕，涼血解毒，平肝明目，活血舒筋的功效。用於痢疾，泄瀉，咽喉腫痛，白喉，肺熱咳嗽，百日咳，肝炎，帶下，癰腫，中耳炎，濕疹，眩暈耳鳴，跌打損傷。

# 動手種植

種植難度：★★★

**栽培條件：**

**壤土：**宜使用肥沃、排水良好的深厚壤土。

**陽光：**喜光亦耐陰，可長時間日照，種植於樹蔭下。

**水分：**喜濕，宜每週澆水 2-3 次，保持泥土濕潤。

**施肥：**於春夏約半個月施 1 次含有等量氮、磷和鉀的複合肥。

**種植時長：**

種植約 3 個月後採收地上部分。

**種植季節：**春季

**種植方法：**種子繁殖

**栽培介質：**泥炭土 / 椰土、珍珠石

**適宜擺放：**客廳、陽台

# 採收加工

於夏、秋二季採收枝葉，鮮用或曬乾。

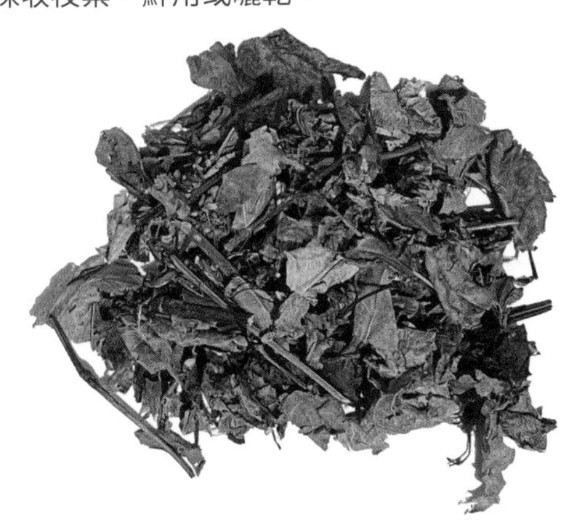

# 隨手用

內服

## 火炭母雞骨草涼茶

**材料**

火炭母 30 克　雞骨草 15 克
茵陳 15 克　片糖適量

**製法**

1. 加水適量，蓋過所有材料，大火煮沸後轉中火煮約 30 分鐘。
2. 隨個人口味加適量片糖調味即可。

**用法**

濕熱腹瀉，或自覺食慾不振、肢體困重時可代茶飲用，連服 3 天。

**用途**

祛濕清熱，止痛止瀉。

**注意事項**

脾胃虛弱、容易泄瀉者忌用。

## 火炭母豬紅湯

**材料**

火炭母 40 克　瘦肉 300 克
豬紅 300 克　蜜棗、生薑、鹽各適量

**製法**

1. 取火炭母，洗淨後以清水浸泡約 15 分鐘，豬紅切塊備用。
2. 將瘦肉汆水，去除血水及腥味，與火炭母、蜜棗和生薑放入鍋中，加水約 2 升，大火煮沸後轉成小火煮約 1 小時。
3. 加入切已塊的豬紅，再煮 30 分鐘，隨個人口味加鹽即可飲用。

**用法**

於天氣濕熱時在餐後飲用。

**用途**

清大腸濕熱，預防夏季熱病及濕熱導致的消化不良。

## 外用

**材料**

鮮火炭母 40-60 克

**製法**

取鮮火炭母，加水適量，以中火煮約 30 分鐘，放涼。

**用法**

在濕疹發癢紅腫時清洗患處。

**用途**

舒緩濕疹，褪紅止癢。

**注意事項**

使用前，建議在小區域進行皮膚測試，確保皮膚沒有過敏反應。如果出現任何不適，請停止使用並尋求醫療協助。

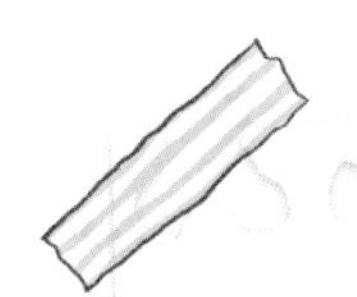

## 趣味小故事

在香港，火炭母是一種原生植物，亦是一種常用的嶺南草藥，能祛濕重，解熱毒。

火炭母全株無毒，除了藥用，亦可以作為野菜食用。研究顯示，火炭母擁有比一般蔬菜更多的蛋白質和葉黃素，甚至有比檸檬汁多5倍的維他命C，是一種營養豐富的植物。隨着氣候環境變化，極端天氣帶來頻繁天災，導致糧食供應變得不穩定，能在惡劣環境下生長且供人食用的野菜開始引起關注。而火炭母便是其中一種於未來可能常見於餐桌上的植物。

雖然火炭母易於生長，更含有豐富的營養，但味道酸澀帶苦，並不受大眾歡迎。若想一嚐火炭母滋味又不願意吃苦，可以在烹調前先將火炭母用沸水燙熟，沖洗後再進行料理，能有效減少澀味。

06

# 車前草

**別名：**
豬耳朵、飯匙草、田灌草

**植物來源：**
車前科　車前
*Plantago asiatica* L.

## 簡介

嫩幼的車前草，可作為野菜食用，但因其性質偏寒，多食會導致腹瀉。

車前草為多年生草本。葉具長柄，與葉片等長；花莖高且長；花淡綠色，花冠小；種子近橢圓形，黑褐色。

**傳統功效：**
車前草以全草及成熟種子入藥。

全草（車前草）：有清熱利尿通淋，祛痰，涼血，解毒的功效。用於熱淋澀痛，水腫尿少，暑濕泄瀉，痰熱咳嗽，吐血衄血。

種子（車前子）：有清熱利尿通淋，滲濕止瀉，明目，祛痰的功效。用於熱淋澀痛，水腫脹滿，暑濕泄瀉，痰熱咳嗽，目赤腫痛。

# 動手種植

種植難度：★★★

**栽培條件：**

**壤土：**宜使用肥沃、濕潤的砂土。

**陽光：**喜光，每日日照 6 小時為佳，於夏季時需要適當遮蔭。

**水分：**在保持通風的情況下宜每日澆水，以保持泥土濕潤，避免積水。

**施肥：**每月施加有機肥 1 次。

**種植時長：**

於播種第 2 年秋季採收全草。

**種植季節：**春季

**種植方法：**種子繁殖

**栽培介質：**泥炭土、珍珠石

**適宜擺放：**房間、辦公室、客廳、陽台、花園

# 採收加工

**種子：**在 6-10 月剪下黃色成熟果穗，曬乾，搓出種子，去掉雜質。

**全草：**幼苗長至 6-7 片葉（13-17cm）高時可採收作爲菜用。

# 隨手用

內服

## 車前明目茶

**材料**

車前子 10 克　決明子 15 克
菊花 20 克

**製法**

取所有材料，以約 2 升沸水沖泡，燜約 10 分鐘即可飲用。

**用法**

自覺目澀脹痛，頭痛眩暈時沖泡代茶飲用。

**用途**

清熱明目。

**注意事項**

脾胃虛寒及便溏者慎服。

## 車前草薏仁湯

**材料**

鮮車前草 4-5 株　薏苡仁 60 克
大棗 2-3 粒　瘦肉 200 克
鹽適量

**製法**

1. 將薏苡仁及大棗以清水浸泡約 30 分鐘。
2. 將鮮車前草洗淨後去根，切成段。
3. 瘦肉汆水，去除血水及腥味後沖洗乾淨，放入鍋中，加入薏苡仁及大棗，注入清水適量，以大火煮沸後加入鮮車前草，轉中火再煮約 30 分鐘。
4. 隨個人口味加鹽即可飲用。

**用法**

於炎夏暑濕在餐後飲用。

**用途**

清熱祛濕，利尿消腫。

**注意事項**

孕婦慎服。

外用

**材料**

鮮車前草適量

**製法**

將鮮車前草以攪拌機打成泥狀，或搗爛使其汁液釋出，即成。

**用法**

在蚊蟲叮咬，或產生過敏導致發炎紅腫的患處敷 5-15 分鐘。

**用途**

舒緩皮膚炎症，褪紅止痛。

**注意事項**

使用前，建議在小區域進行皮膚測試，確保皮膚沒有過敏反應。如果出現任何不適，請停止使用並尋求醫療協助。

# 趣味小故事

車前草原產於亞洲北部和歐洲，但現已遍佈全球。這種植物能夠在緊緻的壤土生長，包括被馬車車轍反覆壓實的泥路，在英語又名 "Roadweed"，意思就是「路上的野草」。而車前的中文命名則與西漢一名叫馬武的將軍有關。他率軍征戰時被圍困於荒野，由於天氣炎熱缺食少水，大部分將士甚至馬匹都患上了血尿淋病，苦不堪言，但附近並無清熱利水之藥物。直至某天馬武發現他所看管的馬匹不再血尿，精神好轉，他細心留意馬匹的舉動，發現牠們在啃食馬車前生長着的牛耳狀野草。他便採集這種野草，煲水飲用，其後血尿的症狀果然得到改善，便號令全軍一起服食。因這種草藥長於馬車前，故此命名為車前草。

07

# 青葙

**別名：**
野雞冠花、指天筆、狗尾草

**植物來源：**
莧科　青葙
*Celosia argentea* L.

## 簡介

青葙花串的觸感就像乾花，青葙為了適應猛烈的陽光和乾旱的環境，會合併充滿水分的花瓣和花萼，變成乾膜質的花被，從而減少水分流失。

青葙為一年生草本。莖直立，全株光滑無毛;花白色或紫紅色;種子黑色，具光澤，小粒，腎狀圓形。

**傳統功效：**
青葙以成熟種子及莖葉及花入藥。

**種子（青葙子）：**
有清肝瀉火，明目退翳的功效。用於肝熱目赤，目生翳膜，視物昏花，肝火眩暈。

**葉莖（青葙）及花（青葙花）：**
有涼血止血，燥濕的功效。用於吐血，衄血，崩漏，帶下。

# 動手種植

種植難度：★★★

**栽培條件：**
**壤土：**宜使用肥沃、排水性良好的砂質壤土。
**陽光：**喜光，每日 6-8 小時日照為佳。
**水分：**耐旱，在保持通風的情況下宜每 2 日澆水，忌積水。
**施肥：**每月施加 1 次氮肥，開花時期施加磷鉀肥。

**種植時長：**
播種後 10-12 日發芽。

**種植季節：**春季、夏季

**種植方法：**種子繁殖

**栽培介質：**泥炭土、珍珠石

**適宜擺放：**房間、辦公室、客廳、陽台、花園

**注意事項：**青葙容易與雞冠花雜交，應與雞冠花隔離種植，以免影響產量，保證純種。

# 採收加工

**種子：**於 7-9 月，花序中 70-80% 的顏色由紅變白時，表示種子已成熟，可採收。割取地上部分或摘取果穗曬乾，搓出種子，過篩以去除果殼等雜質，即可。

**莖葉：**於夏季採收，鮮用或曬乾。

**花：**　於花期（5-8 月）採收，曬乾。

# 隨手用

## 肉絲杏鮑菇炒青葙

**材料**

鮮青葙葉適量　杏鮑菇 1 條
豬廋肉 200 克　糖、豉油、蒜末、油各適量

**製法**

1. 將豬廋肉切絲，加適量糖及豉油醃製約 20 分鐘。
2. 取鮮青葙葉洗淨後切除根部，切段；杏鮑菇切片備用。
3. 以大火開鍋加油適量，爆香蒜末，放入肉絲炒至略變色，再加入青葙及杏鮑菇，炒至熟透，調味後即成。

**用法**

在熬夜後或自覺上火，感到牙齦紅腫，雙目不適時，作為菜餚食用。

**用途**

清肝，清熱，燥濕。

## 青葙子菊花降壓飲

**材料**

青葙子、決明子、野菊花各 10 克
夏枯草 15 克

**製法**

加水適量，把材料以大火煮沸後轉中火煮約 30 分鐘即可飲用。

**用法**

心煩易躁，自覺目澀脹痛，口乾舌燥，頭痛眩暈時飲用，每週 2 次。

**用途**

治療及舒緩肝陽上亢型高血壓導致的頭痛頭暈。

**注意事項**

瞳孔擴大、青光眼患者忌用。

## 青葙豬肉湯

### 材料

梅頭豬肉 200 克　青葙花、青葙嫩苗各適量
鹽適量

### 製法

1. 將梅頭豬肉切成小塊，汆水，去除血水及腥味後沖洗乾淨，放入鍋中，加入青葙花及青葙嫩苗，注入清水適量，以大火煮沸後轉中火煮約 30 分鐘。
2. 隨個人口味加鹽即可飲用。

### 用法

容易失眠，半夜盜汗，雙眼不時發紅腫痛時可於餐後飲用；每週 3 次。

### 用途

清熱涼血，滋陰生津，減少眼睛澀痛等陰虛上火症狀。

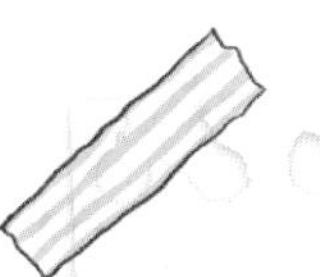

## 趣味小故事

青葙是一種常見的野草，從溫帶至熱帶亞洲、歐洲及非洲均有分佈。通常自然生長於荒廢平原、田邊、村落路旁等，一大群生長，每逢5月便是青葙的花期，可以看見一叢叢淡白色頂部紫紅色的花串，屹立在草叢中，成為初夏鄉郊的景致。那一串串貌似筆頭直指向天的花朵實則由花蕾、新鮮花朵及乾花組成。生長枝頂的花蕾剛長出時像一個細小的紫紅色雪糕筒；底部的花朵從底部慢慢開放，顏色亦漸漸變白；頂端的紫紅色的花蕾則會繼續生長。所以不時看見青葙越來越長，但頂端仍是紫紅色的花串。青葙為了適應意外的環境，並沒有演化出柔弱美麗的花瓣，它的花被呈乾膜質，能有效防止水分流失，避免烈日灼傷；而這些花被在開完後不會脫落，會再次閉合成花蕾形狀，以保護種子的生長，觸感如同乾燥花一般，是自然界的中植物演化的神奇之處。

08

# 薑黃

**別名：**
寶鼎香、黃薑、毛薑黃
**植物來源：**
薑科　薑黃
*Curcuma longa* L.

## 簡介

薑黃，又稱黃薑。它是多年生草本，喜歡濕熱而陽光充足的地方。在秋季會開黃白色的花，但不結萌芽的種子，因此只能靠根莖繁殖。薑黃經乾燥和研磨後成為多用途的薑黃粉，如藥用、調味香料和天然染料等。

薑黃根莖成叢，內部橙黃色，芳香；花萼白色，被微柔毛；花冠淡黃色，上部膨大，裂片三角形。

**傳統功效：**
薑黃以根莖入藥，有破血行氣，通經止痛的功效。用於胸脇刺痛，胸痹心痛，痛經經閉，風濕肩臂疼痛，跌扑腫痛。

## 動手種植

種植難度：★★★

**栽培條件：**

**壤土：**宜使用透氣性、排水性良好的砂質壤土。

**陽光：**喜光，光照時長 6 小時以上為佳。

**水分：**宜 1 週澆水 1 次。

**施肥：**分別在幼苗期、5-6 月和 8 月時，施含氮量稍高的肥料各肥 1 次。

**種植時長：**

種植約 8-10 個月後，莖葉枯萎時，便可挖出根莖。

**種植季節：**春季、冬季

**種植方法：**根莖繁殖

**栽培介質：**泥炭土、珍珠石

**適宜擺放：**客廳、陽台

**注意事項：**忌連作

## 採收加工

- 冬季莖葉枯萎時採挖，洗淨，除去鬚根，煮或蒸至透心後，烘乾或曬乾。
- **薑黃粉**

  1. 薑黃洗淨，稍微去除外皮，瀝乾水分，切薄片。
  2. 將薑黃片烘乾或曬乾至可輕易折斷的程度。
  3. 將薑黃片打成粉狀，再過篩，即成。

# 隨手用

## 薑黃奶

### 材料
薑黃粉 30 克　　奶 300 毫升

### 製法
將適量薑黃粉加入牛奶或溫水中沖服，即成。

### 用法
關節冷痛腫脹或胸脅悶脹怕冷者，建議每星期飲用 3-5 日。

### 用途
活血行氣，通經止痛。

### 注意事項
陰虛火旺者、孕婦、備孕婦女或女性生理期期間慎用。

## 薑黃飯

### 材料
薑黃粉 30 克　　白米 1 杯
生薑、蒜頭、油各適量

### 製法
1. 白米洗淨瀝乾；生薑及蒜頭切末，將鑊加熱加入油及薑蒜翻炒。
2. 加入薑黃粉及白米拌勻後熄火。
3. 將以上材料放入電飯煲中，加入適量水，開始煮熟米飯。

### 用法
建議每星期服用 2-3 次。

### 用途
外散風寒濕邪，行氣止痛，舒緩風濕。

### 注意事項
陰虛火旺者、孕婦、備孕婦女或女性生理期期間慎用。

## 薑黃枸杞雞湯

**材料**

薑黃粉 30 克　　雞肉 200 克
枸杞子 20 克　　生薑片、蒜頭、葱各適量

**製法**

1. 把雞肉切塊洗淨，放入滾水中汆燙，撈出瀝乾。
2. 加水蓋過生薑片、蒜頭、葱、枸杞子、雞肉，熬煮 1 個半小時。
3. 加入薑黃粉，調味後即可飲用。

**用法**

在秋冬季節時，長期手腳冰冷者，每星期服用 1-2 次。

**用途**

適合體質偏虛寒的人士服用，有活血行氣、滋補強身的功效。

**注意事項**

陰虛火旺者、孕婦、備孕婦女或女性生理期期間慎用。

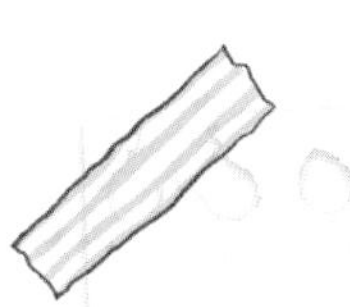

## 趣味小故事

薑黃起源於亞洲，具有悠久的歷史，最早可追溯到公元前 3000 年左右的印度次大陸地區。古印度的阿育吠陀醫學文獻中首次記載了薑黃的使用，將其視為一種具有抗炎和消化促進作用的重要草藥。同時，在中國古籍《神農本草經》和《本草綱目》中，均對薑黃的功效和用途進行了詳細記載。在近代研究中，發現薑黃與油脂一起烹煮或配飯吃、飯後吃會提高吸收率，因為薑黃素是脂溶性。

薑黃除了在傳統醫學中有珍貴的藥用價值外，在烹飪上都擔當着重要的角色。薑黃常被用作為調味香料和食物的黃色着色劑，被運用在印度菜和許多亞洲菜式中。當中咖喱便是最著名的一道菜式，咖喱由多種香料如薑黃、辣椒、芫荽、肉桂、丁香等混合而成。但唯獨薑黃為咖喱賦予了獨特的黃色和特別的微辣味道，使其成為許多亞洲菜式的特色之一。

09

# 韭

**別名：**
韭菜、久菜、長生韭

**植物來源：**
百合科　韭
*Allium tuberosum* Rottl. ex Spreng.

## 簡介

韭是多年草本植物，全年可生長，而且容易種植。正所謂「正月葱，二月韭」，在這段時間收成韭便可品嚐到韭最鮮甜的味道。

韭具強烈氣味；鱗莖圓錐形，外皮黃褐色；葉片條形，扁平；花小具梗，白色或帶紅色。

**傳統功效：**

韭以葉和成熟種子入藥。

**葉（韭菜）**：有補腎，溫中，行氣，散瘀，解毒的功效。用於腎虛陽痿，裏寒腹痛，噎膈反胃，胸痺疼痛，衄血，吐血，尿血，痔瘡，癰瘡腫毒，跌打損傷。

**種子（韭菜子）**：有溫補肝腎，壯陽固精的功效。用於肝腎虧虛，陽痿遺精，腰膝酸痛，遺尿尿頻，白濁帶下。

# 動手種植

**種植難度：**★★★

**泥土栽培條件：**

**壤土：**宜使用疏鬆、排水性良好、不容易結塊或積水的砂質壤土。

**陽光：**喜光，宜長時間日照，6-8 小時為佳。若葉片會呈現黃白色，表示光照不足，可能需要增加日照時間。

**水分：**耐旱，喜潤，忌濕，忌積水。春夏約 5 日澆水 1 次。；秋冬約每週澆水 1 次。收割後，應等待 3 日後再澆水，以讓收割部位愈合。

**施肥：**每月施以氮肥為主的複合肥 1 次。

**水培種植條件：**

**陽光：** 喜光，宜長時間日照，6-8 小時為佳，但需避免陽光照射導致溫度過高，正午時宜避免陽光直射。

**換水頻率：**春夏每週換水 1 次；秋季約 2 週換水 1 次；冬季約 3 週換水 1 次。需注意是否有臭味或根部有腐爛情況，如有，需立即換水。換水時，亦需要將容器以及根部清洗乾淨。

**施肥：** 需施肥以生長得更好。若定期採割，應每週添加 1 次氮含量較高的營養液至水中（比例約為 1：200）

**種植時長：**

**泥土：**種植約半年至 1 年。

**水培：**種植約 20 多日後轉爲成熟。

**種植季節：**春季、秋季

**種植方法：**種子繁殖

**栽培介質：**泥炭土、珍珠石

**適宜擺放：**房間、辦公室、客廳、陽台、花園

# 採收加工

**葉：** 生長至約 20 厘米後可以進行收割，鮮用。

**種子：**於秋季果實成熟時採收果序，曬乾，搓出種子，除去雜質。

隨手用

# 鮮韭菜蛋卷

**材料**

鮮韭菜 100 克　　雞蛋 4 隻
鹽適量

**製法**

1. 將鮮韭菜洗淨後切粒，備用；將雞蛋加鹽適量，打勻成蛋液。
2. 先放油至鑊中預熱，然後放韭菜到鑊中，以大火炒至軟身撈起，再加入蛋液中。
3. 鍋中倒入少許油，油熟後加入 1/3 蛋液，小火煎至蛋液開始呈凝固時向一邊捲，移至鍋邊，然後加入 1/3 蛋液，重複上述做法，至蛋液全部用完。
4. 煎好厚蛋卷後，切厚塊即可。

**用法**

作為餸菜佐餐食用，每日 1 次，持續 5-7 日。

**用途**

補腎助陽，溫中行氣，通便。能改善腎虛陽痿，裏寒腹痛，畏寒肢冷。

**注意事項**

- 陰虛內熱、目疾患者以及生瘡長痘人士均忌服。
- 體質偏熱或容易上火者慎服。
- 不宜過熟或過生、與蜜或酒同服或放隔夜服。

# 韭桃炒羊肉

**材料**

鮮韭菜 400 克　　羊肉 250 克
去皮核桃肉 100 克　　鹽、生粉各適量

**製法**

1. 將羊肉以適量鹽和生粉醃製 15-30 分鐘。
2. 將鮮韭菜及去皮核桃肉洗淨後，將韭菜切至約 3-5 厘米的小段，與核桃肉一起倒進已加熱的油鑊翻炒至韭菜變深色，倒入羊肉炒至熟透，加鹽調味即可。

**用法**

每日 1 次，持續一個月。

**用途**

改善陽虛腎冷、陽道不振或腰膝冷痛。

**注意事項**

韭菜、羊肉和核桃肉皆溫燥之物，且核桃肉油含量較高，故胃虛有熱、消化不良的人不宜食用。

## 韭子枸杞茶

**材料**

韭菜子 5 克　　枸杞子 10 克

**製法**

將韭菜子及枸杞子加熱開水沖泡，加蓋焗泡 10-15 分鐘即可。

**用法**

每日 1 杯，持續 5 日。

**用途**

補腎益精，滋陰補陽，養肝明目。

**注意事項**

- 陰虛內熱、目疾患者以及生瘡長痘人士均忌服。
- 體質偏熱以及容易上火者慎服。

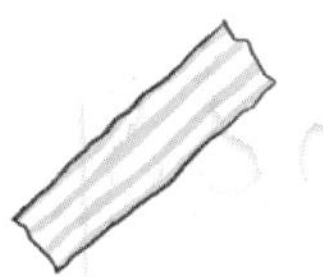

## 趣味小故事

韭作為從古時流傳至今的農作品之一，深受大衆喜愛，擁有極高的經濟以及社會價值。《漢書》中有一句「勸民務農桑，令口種一樹榆，百本薤，五十本葱，一畦韭」，指的是要求當時的農民要種植出一定數量的指定農作物（包括韭），以減少因經濟不景氣而出現的罪案；隋唐的《食經》曾記載，將白韭菜置於黑暗之中生長（稱為「韭黃」），以此製作的金裝韭黃成為了宮廷御膳房中的御用食品；清朝時期《壽光縣志》亦曾記載「諸蔬菜中唯韭為絕品」，也説明了韭在蔬菜中地位崇高。

此外，韭除了被用作食物、調味料，更是會作為祭品，與稻穀相提並論。由於它有「剪而復生」的特點，使人有一種充滿生機、延綿不絕的感覺，所以古時候會用其進行祭祀來祈求保佑祖孫代代昌盛。而「割韭菜」是內地用語，常指股市中大户利用信息不對稱和市場操控，使小散户在股票市場中遭受金錢損失，「割韭菜」看起來與廣東話中的「割禾青」相近，但「割禾青」的含義除指時機未到勉強行事；亦指賭博的時候一贏錢就收手，意思有所不同。

**別名：**
姜、生薑、紫薑

**植物來源：**
薑科　薑
*Zingiber officinale* Rosc.

## 簡介

薑在烹飪中是不可缺少的調味料，常用於去除海鮮及肉類的腥味，更有溫中散寒的效果，在冬季用薑製成飲品如薑茶、薑蜜等都非常受歡迎。

薑為多年生草本。根莖肥厚，斷面黃白色，多分枝，有芳香及辛辣味；葉互生，排成兩列，披針形，無毛，無柄；花黃綠色，有紫色條紋及淡黃色斑點。

**傳統功效：**
薑以根莖入藥。有解表散寒，溫中止嘔，化痰止咳，解魚蟹毒的功效。用於風寒感冒，胃寒嘔吐，寒痰咳嗽，魚蟹中毒。

## 動手種植

種植難度：★★★

**栽培條件：**

**壤土：**宜使用肥沃、土層深厚、排水良好的砂質壤土。

**陽光：**耐陰，不喜強光，每日建議照射 3-6 小時陽光。避免中午太陽直射。

**水分：**喜潮濕，宜每週澆水 1-2 次，需注意避免積水。

**施肥：**在春夏季期間，每 2-3 週施 1 次鉀含量較高的稀釋複合肥料，在秋冬停止施肥。

**種植時長：**

**生薑：**種植約 6-7 個月後採收根莖。

**老薑：**種植約 8 個月後採收根莖。

**種植季節：**春季

**種植方法：**根莖繁殖

**栽培介質：**泥炭土、珍珠石

**適宜擺放：**客廳、陽台、花園

**注意事項：**忌連作

## 採收加工

**生薑：**於同年 9-10 月，莖葉枯萎時採收根莖，去掉莖葉、鬚根和泥沙，鮮用。

**老薑：**於同年 10-12 月，莖葉枯萎時採收根莖，去掉莖葉、鬚根和泥沙，陰乾。

## 隨手用

內服

## 薑葱紅糖飲

**材料**

生薑 3-5 片　　葱白 2 段

紅糖適量

**製法**

取所有材料加水適量，以中火煮約 15 分鐘，加入適量紅糖，拌勻後趁熱飲用。

**用法**

在冬季受風，自覺渾身發冷，感冒初期時飲用。

**用途**

發汗解表，祛風散寒，舒緩感冒的病徵。

**注意事項**

體熱者慎用。

## 豬腳薑

**材料**

老薑、甜醋各 10 斤　　豬腳 100 克

黑米醋 1 斤　　鹽適量

熟雞蛋適量

**製法**

1. 將老薑洗淨、抹乾，去皮後以白鍋炒乾。
2. 將與薑等量的甜醋放入大瓦煲內，加入老薑、鹽適量及黑米醋，再以大火煮沸。
3. 將適量豬腳洗淨，以白鍋炒至乾水備用，和適量已去殼的熟雞蛋加入已煮好的薑醋內煮至沸騰，放置一晚後即可食用。

**用法**

孕婦在產後恢復期間服用，或作為食療間中食用。

**用途**

補充營養，溫宮散寒，補氣血。

**注意事項**

陰虛火旺及外感表證者慎服。

## 生薑蓮子粥

**材料**

生薑、蓮子各 30 克　　　白米 1 杯
紅糖適量

**製法**

1. 將蓮子及白米洗淨後，以清水浸泡 30 分鐘，然後放入鍋中。
2. 加水適量，以大火煮沸後轉至小火煮約 30 分鐘，再加入生薑及適量紅糖，熬至成粥即成。

**用法**

自覺經常性感到胃脘發涼，容易腹瀉者可定期代餐服用。

**用途**

驅寒止瀉。

**注意事項**

體熱者慎用。

## 趣味小故事

豬腳薑，又稱雞蛋豬腳薑醋或薑醋，是一道具有廣東特色的傳統菜餚。根據傳統，在家中有新生兒誕生後，便會在家中熬製薑醋，以紅紙封蓋，送給鄰居及前來道賀的親友，分享新生命誕生的喜悦。對生產的孕婦來說，薑醋也是一種在產後恢復期，俗稱「坐月子」的必備食療，產後婦人氣血虧虛，多虛多瘀，薑醋有祛風散寒、活血去瘀的作用，還可以幫助子宮收縮；而薑醋亦可以軟化豬腳的鈣質，讓其更容易被人體吸收，補充孕婦所流失的鈣質，更能美容養顏，促進食慾，輔助孕婦的產後復原，是傳統食療智慧的體現。

雖然薑醋營養豐富，但性質溫熱，陰虛火旺者需要慎用。孕婦在產後若出現如果出現口乾咽痛、牙齦出血、生瘡、便秘等症狀亦不宜食用薑醋，應多吃清淡甘涼之品，例如蓮藕、百合、西洋參、魚肉、豆品等補充營養。

# 11 蔥

**別名：**
北蔥、大蔥、和事草

**植物來源：**
百合科　蔥
*Allium fistulosum* L.

## 簡介

蔥是中國古代「五菜」之一，即葵、韭、藿、薤、蔥，它們是早期中國先民最主要的蔬菜。蔥是我們最常看見的蔬菜，也是五菜中分佈最廣的蔬菜，所以在民間裏，蔥有「菜伯」之稱，即是蔥在蔬菜中擔當着重要的角色。

蔥為多年生草本，全體帶刺激氣味。鱗莖圓柱形，先端稍肥大，鱗葉成層，白色；葉圓柱形，中空，先端尖，綠色；花序圓球狀；花被披針形，白色；花藥黃色。

**傳統功效：**

蔥以鱗莖和葉入藥。

**鱗莖（蔥白）：**有發表，通陽，解毒，殺蟲的功效；用於風寒感冒，陰寒腹痛，二便不通，瘡癰腫痛，蟲積腹痛。

**葉（蔥葉）：**有發汗解表，解毒散腫的功效；用於風寒感冒，風水浮腫，瘡癰腫痛，跌打損傷。

# 動手種植

**種植難度：**★★★

**栽培條件：**
**壤土：**宜使用肥沃、疏鬆及排水良好的黏質壤土。
**陽光：**喜光，宜照 6-7 小時的陽光。
**水分：**喜濕，忌積水，宜每週澆水 2-3 次，保持壤土稍微濕潤。
**施肥：**在植物生長期使用需使用含氮與鉀肥料 1-2 次。

**種植時長：**
種植約 1 年後採收全株。

**種植季節：**全年
**種植方法：**種子繁殖
**栽培介質：**泥炭土、珍珠石
**適宜擺放：**客廳、陽台
**注意事項：**忌連作

# 採收加工

**鱗莖：**於夏、秋二季採收，除去鬚根、葉及外膜，鮮用。
**葉：**全年均可採收，鮮用。

隨手用

## 蔥油醬

**材料**

蔥、油各適量

**製法**

1. 把蔥切段，蔥白、蔥綠分開。
2. 把油倒入鍋子裏，大火燒至七成熟。
3. 放入蔥白段，中小火煉 10 分鐘，至金黃色。
4. 放入蔥綠段，煮成黑色焦脆樣，撈起，調味即成。

**用法**

日常用於各種不同的菜餚。

**用途**

增添食物風味。

裝密封罐保存兩星期內盡快食用。

## 蔥蠔蛋餅

**材料**

蔥 2 棵　生蠔 8 隻
蛋 4 隻　油、麪粉、黑胡椒各適量

**製法**

1. 將適量麪粉撒在生蠔上，洗淨，放入一碗熱開水中，泡 3 分鐘，再瀝乾備用。
2. 把蛋和蔥加入生蠔攪拌均勻備用。
3. 平底鍋加油，倒入生蠔蛋液，撒適量黑胡椒。
4. 中小火兩面各煎 2 至 3 分鐘為金黃色，即成。

**用法**

可日常食用。

**用途**

滋陰養血，養心安神。

**注意事項**

對海鮮敏感者慎服。

## 葱味噌湯

**材料**

葱 2 棵　海帶、豆腐、鹽各適量

**製法**

1. 將葱洗淨，切段。
2. 海帶洗淨泡開後切碎，豆腐切件。
3. 鍋中加水煲滾，放入海帶及豆腐，煮大約 8 分鐘。
4. 加鹽調味拌勻，灑上葱花，即成。

**用法**

在炎熱的季節，可一星期飲用 2-3 次，有助潤燥生津。

**用途**

利水消腫，清熱解毒，潤燥生津。

**注意事項**

甲狀腺機能亢進人士、孕婦和母乳餵哺女士不宜進食海帶。

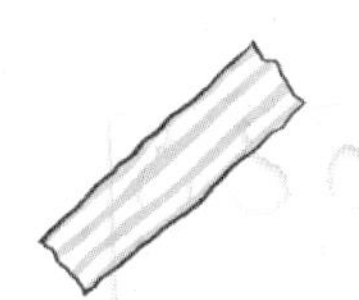

## 趣味小故事

葱的歷史悠久，在中國已有數千年的栽培歷史。葱的野生祖先在2,500年前已經存在於中國西北及相鄰的中亞地區。除了日常烹飪用途，葱在中國古代還有許多其他獨特的應用：

藥用：葱在中醫藥中被認為有祛風散寒、解毒散腫等功效，用於治療感冒風寒，陰寒腹痛，二便不通。

儀式用途：「葱」與「聰」同音，有聰明的寓意，開學的時候，會將葱和芹菜掛在書包，寓意「聰明勤力」。

驅蟲：在古代，人們就發現將葱葉放在穀倉或室內，可以有效驅趕老鼠和害蟲，保護糧食不受損害。

製茶：在西南地區，有一種獨特的「葱花茶」，是將葱花與茶葉一起加工而成，具有清香獨特的風味。

# 12 蒜

**別名：**
大蒜、獨蒜、青蒜

**植物來源：**
百合科　蒜
*Allium sativum* L.

## 簡介

蒜有獨特而濃烈的氣味，是人類使用最廣泛的香料之一，常用於烹調海鮮和肉類，還有防腐保鮮的作用，應用於各種菜系中。

蒜為越年生草本。鱗莖大，球形至扁球形，外有灰白色膜質外皮，由數個小鱗莖輪生排列而成；葉片扁平，實心，先端長漸尖；花粉紅色；花被片披針形。

(圖片來源：趙中振教授)

**傳統功效：**
蒜以鱗莖入藥。有溫中行滯，解毒，殺蟲的功效。用於脘腹冷痛，泄瀉，痢疾，肺癆，百日咳，感冒，蛇蟲咬傷。

## 動手種植

**種植難度：**★★★

**泥土栽培條件：**
**壤土：**宜使用肥沃、疏鬆、排水良好的砂質壤土為佳。
**陽光：**喜光，每日日照 6-8 小時為佳。
**水分：**每週 1-2 次，澆水至多餘水分從排水孔排出，需注意避免積水。
**施肥：**在生長期內每月薄施硫基複合摻混肥。

**種植時長：**
種植約 5 個月後採收鱗莖。

**種植季節：**春季
**種植方法：**鱗莖繁殖
**栽培介質：**泥炭土、珍珠石、椰土
**適宜擺放：**花園

## 採收加工

在蒜薹採收後 20-30 天即可採挖蒜頭。採收蒜頭後，除去殘莖及泥土，置通風處晾至外皮乾燥。

# 隨手用

## 甜酸蒜頭醋

### 材料
蒜頭 500 克　　糖 300 克
鹽、白醋各適量

### 製法
1. 將蒜頭用水清洗乾淨，然後剝去 1-2 層外皮，剪去殘根和頂部殘莖。
2. 將蒜頭表面均勻沾上鹽，置於通風陰涼處平鋪晾乾約 1 天。
3. 將晾乾的蒜頭放入經高溫消毒的玻罐內，加入白醋至完全淹沒蒜頭，加糖，密封冷藏儲存半年後便可食用。

### 用法
定時在餐後飲用 1 小杯，並食用蒜頭。

### 用途
降低膽固醇，改善動脈硬化，消除疲勞。

### 注意事項
- 不宜空腹飲用。
- 胃病患者及陰虛內熱者慎用。

## 烤大蒜

### 材料
大蒜球 2 個　　橄欖油、胡椒、海鹽各適量

### 製法
1. 將焗爐預熱至 200℃。
2. 將大蒜球尖處 1/3 切除，剝去外部鬆軟的表皮，淋上適量橄欖油，用錫紙包起，焗約 20 分鐘至蒜球鬆軟。
3. 出爐後剝去錫紙，撒上胡椒及海鹽即成。

### 用法
在進餐時一起食用。

### 用途
促進新陳代謝，行滯氣，暖脾胃，幫助消化。

### 注意事項
胃病患者及陰虛內熱者慎服。

# 蒜蓉開邊蝦

### 材料

鮮蝦 7-10 隻　　粉絲 1 包
蒜頭 10 瓣　　豉油 2 茶匙
糖適量

### 製法

1. 將粉絲用水浸泡至軟身，剪成小段。
2. 將鮮蝦洗淨後用剪刀剪開背部，挑出蝦綫，然後用刀切至剩下頭尾相連，排在蒸碟上。
3. 將蒜頭切成碎末，拌入豉油及糖適量，平均地鋪在蝦肉上，擺上粉絲，用大火蒸約 5-10 分鐘即成。

### 用法

作菜餚食用。

### 用途

補充營養，促進食慾。

### 注意事項

對海鮮敏感者慎服。

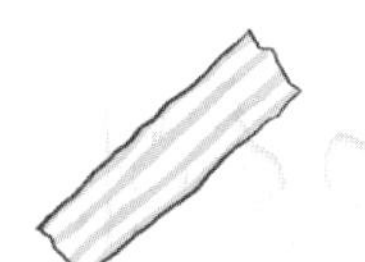

## 趣味小故事

隨着人們開始注重養生，與蒜有關的各種養生保健食品便開始受歡迎，當中黑蒜便是其中一種收到關注的養生食品。黑蒜是經發酵的大蒜，成黑棕色，入口沒有大蒜的辛辣感，口感柔軟微黏，帶有微微甘甜。黑蒜不但富含大蒜原有的蒜素，經過發酵，所含的蛋白質及果寡糖更容易被人體吸收並分解利用，多酚類物質及類黃酮含量更是大蒜的 4 倍，具有人體必需且提高機能的豐富營養成分。經研究發現，黑蒜能夠抗氧化，提高身體的新陳代謝，以黑蒜為原材料開發的美容產品亦在韓國大受歡迎。

# 13 紫蘇

**別名：**
赤蘇、皺紫蘇、香蘇

**植物來源：**
唇形科　紫蘇
*Perilla frutescens* (L.) Britt.

## 簡介

秋季蟹肥的時候，便是紫蘇出現最頻密的時節。以紫蘇緩解魚蝦海鮮的寒性並去除腥氣是一種由古時傳承至今的養生智慧。紫蘇獨特的氣息及味道更能增添食材風味，成為當代烹飪中常見調味料，是一種多用途的植物。

紫蘇為一年生芳香草本。莖紫色或綠色，鈍四棱形，被長柔毛；葉邊緣具粗鋸齒，兩面紫色或下面紫色；花小具梗，白色或紫紅色；小堅果灰褐色，近球形，有網紋。

**傳統功效：**
紫蘇以葉及成熟果實入藥。

**葉（紫蘇葉）：**
有解表散寒，行氣和胃的功效。用於風寒感冒，咳嗽嘔惡，妊娠嘔吐，魚蟹中毒。

**果實（紫蘇子）：**
有降氣化痰，止咳平喘，潤腸通便的功效。用於痰壅氣逆，咳嗽氣喘，腸燥便秘。

## 動手種植

**種植難度：**★★★

**泥土栽培條件：**

**壤土：** 宜使用疏鬆、排水性良好、不容易結塊或積水的砂質壤土。
**陽光：** 喜光，宜長時間日照，6-8 小時為佳。夏季酷熱時需注意遮陰。
**水分：** 耐濕，忌旱，忌積水。秋冬每星期澆水 1-2 次；春夏約 2 日澆水 1 次。當壤土稍微出現乾燥時應澆水。
**施肥：** 不施肥仍可正常生長，若定時採割葉片，應每個月施氮含量較高的有機質肥料 1 次。在冬季應停止或減少施肥至 2 個月 1 次。

**水培種植條件：**

**陽光：** 喜光，宜長時間接受散射光，不宜直曬。
**換水頻率：** 水培的初期約每隔 2 日換水；生根之後，約 5 日換水 1 次。需注意是否有臭味，如有，需立即換水。
**施肥：** 每次換水後把少量以氮肥為主的營養液至水中。

**種植時長：**
種植 3-5 個月後採收葉片。

**種植季節：** 春季

**種植方法：** 種子繁殖

**栽培介質：** 泥炭土、珍珠石

**適宜擺放：** 房間、辦公室、客廳、陽台、花園

## 採收加工

**葉**

- 夏季枝葉茂盛時採收。
- 鮮用：除去雜質。
- 乾品：除去雜質，攤在地上或懸掛於通風處陰乾，乾後將葉摘下；或將葉烘乾。

**果實**

- 秋季果實成熟時採收。
- 除去雜質，曬乾或烘乾；或把果實清炒，炒至有爆聲。

內服

## 紫蘇炒蜆

### 材料
鮮紫蘇葉適量　　蜆 200 克
蒜、豆豉、料酒、生抽、鹽、糖、油各適量

### 製法
1. 蜆放在水中使其吐出沙子，洗淨備用。
2. 鮮紫蘇葉洗淨備用。
3. 開鍋下油，爆香蒜、豆豉，放入蜆翻炒，加入紫蘇葉、料酒、生抽，繼續翻炒至蜆開殼，調味便即成。

### 用法
作為佐料。

### 用途
中和海鮮的寒性，以免服用後產生不適。

### 注意事項
- 紫蘇葉雖能解水產腥寒，但亦不應服食過量海鮮。
- 陰虛、氣虛、溫病者慎服。
- 熱病高熱、陰虛火旺、血熱妄行者禁服。

## 薑糖紫蘇茶

### 材料
鮮紫蘇葉 10 克（乾品 5 克）　　生薑 3 片
紅糖或黑糖適量

### 製法
將所有材料洗淨後加 500 毫升水同煮 15 分鐘，隔渣倒出，依喜好加紅糖或黑糖調味，即成。

### 用法
每日飯後 1 杯。

### 用途
養胃或預防及舒緩風寒感冒。

### 注意事項
- 薑糖紫蘇茶較為辛溫，胃火熾盛或血熱人士慎服。
- 此方亦僅為舒緩初起的風寒表證，患風熱者慎用。

## 參蘇飲

**材料**

人參或太子參、紫蘇葉、茉莉花各 3 克

**製法**

將所有材料用 200 毫升開水沖泡後飲用至味淡。

**用法**

每日晚飯後飲用 1 杯，連服 5 日。

**用途**

益氣開胃，利氣化痰，舒緩寒咳症狀。

**注意事項**

若咳喘由熱症引起或同時出現其他感冒症狀，不應飲用。

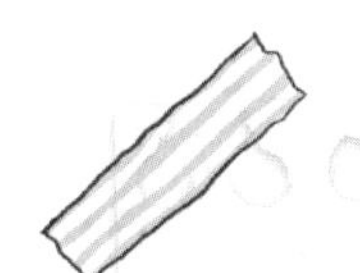

## 趣味小故事

相傳，華佗是紫蘇的第一個發現者，亦是首次應用紫蘇治療魚蝦中毒的人。他在河邊採藥時觀察到一隻吃得太多魚蝦，肚子滾圓，十分難受的水獺在進食紫蘇後不適減少，便以紫蘇治療同樣服食過量魚蝦河鮮而感到不適的患者，他們在服過紫蘇製成的湯藥後果然得以好轉。

紫蘇色紫，在普通話中「蘇」同「舒」音，指紫蘇性舒暢。紫蘇屬於荏類，但味更辛如肉桂，所以稱之「桂荏」。成語「色厲內荏」，形容人外表嚴肅而內心怯懦，當中的「荏」所指的便是紫蘇屬植物。紫蘇屬植物屬於唇形科植物，其根莖四方、中空，詮釋了「色厲內荏」所蘊含「外強中乾」的意義。

中國人用紫蘇烹調各種菜餚，常佐魚蟹食用，例如紫蘇乾燒魚、紫蘇炒田螺、紫蘇貼餅、銅盆紫蘇蒸乳羊等。除了中國常見的藥用紫蘇外，還有其他不同品種、各有特色的非藥用紫蘇，如韓國會將新鮮白紫蘇製成泡菜或包裹烤肉同吃，日本以青紫蘇配生魚片同食或用於醃漬。

# 14 留蘭香

**別名：**
綠薄荷、假薄荷、香花菜

**植物來源：**
唇形科　留蘭香
*Mentha spicata* L.

## 簡介

留蘭香分佈在全球各地，受各地的氣候環境影響，分別繁衍出同屬但特點卻獨一無二的留蘭香（綠薄荷）。留蘭香便是身處這個薄荷屬的大家族其中一員。

留蘭香為多年生芳香草本。莖多分枝；葉具不規則鋸齒，鮮綠色；花淡紫色。

**傳統功效：**
留蘭香以全草入藥，有解表，和中，理氣的功效。用於感冒，咳嗽，頭痛，咽痛，目赤，鼻衄，胃痛，腹脹，霍亂吐瀉，痛經，肢麻，跌打腫痛。

## 動手種植

種植難度：★★★

**泥土栽培條件：**

**壤土：**宜使用肥沃、疏鬆、排水性良好的砂質壤土。

**陽光：**喜光，宜長時間日照，6 小時以上為佳。夏季酷熱時，需注意遮陰，避免被陽光直射。

**水分：**耐旱，忌積水。在盆土略乾時澆水，應避免在夏天正午時澆水。

**施肥：**2 個月追加以氮肥為主的複合肥料 1 次，在修剪採集後亦宜補充肥料。

**水培種植條件：**

**陽光：**水培初期應放在有散射光照的地方，避免太陽直曬，待根系生長至約 5 厘米便可移至陽光充足的地方照料。

**換水頻率：**每星期清洗容器、鬚根，並換水，天氣炎熱時可 2-3 日換水 1 次。

**施肥：**在根系生長至約 5 厘米前不應施肥，根系健壯後每次換水施加少量稀釋過的高比例氮鉀液態肥以強壯植物。

**種植時長：**

種植約 3 個月後採收全草。

**種植季節：**春季

**種植方法：**扦插繁殖

**栽培介質：**泥炭土、珍珠石

**適宜擺放：**房間、辦公室、客廳、陽台

**注意事項：**地下莖生長迅速，以大盆栽種能有效控制生長範圍

## 採收加工

於 7-9 月採收全草，多爲鮮用，亦可烘乾使用。

內服

# 古巴莫希托 Mojito

**材料**

蘭姆酒 50 毫升
鮮留蘭香葉 8-10 片
糖或糖漿適量
青檸檬 2 個
梳打水 適量
冰塊 適量

**製法**

1. 用原個青檸檬，擠出青檸檬汁。
2. 把鮮留蘭香葉、青檸檬汁、適量糖或糖漿倒入杯中，搗爛混合。
3. 加入冰塊填滿杯子，並倒入蘭姆酒。
4. 加入蘇打水倒至滿杯，即成。

**用法**

適合炎熱天氣飲用。

**用途**

清熱降火。

**注意事項**

此食譜較為寒涼，脾胃虛寒者慎服。

# 清心留蘭飲

**材料**

鮮留蘭香葉 10 克（乾品 5 克）
蓮子心 6 克
羅漢果半個
菊花 9 克

**製法**

將所有材料洗淨後放入湯煲，加水兩碗半，煮 7 分鐘後即可飲用。

**用法**

每日晚飯後 1 杯，連服 5 日。

**用途**

改善口瘡、暗瘡、心煩等熬夜上火的症狀。

**注意事項**

- 留蘭香芳香辛散，體虛多汗者不宜使用。
- 此食譜較為寒涼，脾胃虛寒者慎服。

## 薄荷雞絲沙律

**材料**

鮮留蘭香全草 20 克
雞胸肉 150-200 克（或雞腿 1 隻）
檸檬半個　青瓜半條
甘筍半條　豆芽 70 克
蜂蜜、麻油各適量

**製法**

1. 將雞肉、留蘭香以及豆芽一併用水煮熟，撈起隔水。
2. 將青瓜和甘筍切絲或幼條狀。
3. 檸檬榨汁後與蜂蜜和麻油混合，再與其他食材混合均勻即可。

**用法**

在天氣炎熱，食慾不振時於餐前服用。

**用途**

清熱消暑，開胃。

**注意事項**

・此食譜較爲寒涼，脾胃虛寒者慎服。

雞肉不需要煮太長時間，煮至筷子能輕鬆紮入中間，不出血水即可。

## 趣味小故事

香蜂花 *Melissa officinalis* L. 同樣是屬於「薄荷家族」的一分子，與留蘭香不等同，但功效類近。留蘭香是製成 Mojito 的重要元素之一。Mojito 的起源可以追溯到 16 世紀，據說 Mojito 的前身是一款名為 El Draque 有治療功效的飲品。當時一名來自英國的航海家 Francis Drake 到達了西班牙的版圖，但他的士兵不幸染上痢疾與壞血病，在缺乏醫療資源的情況下，他們獲得了古巴原住民的協助，古巴原住民運用薄荷、青檸和甘蔗糖調配出當時的 Mojito，以治療患病的士兵。經過此事之後，原住民便為此飲品運用非洲和西班牙語言的結合起名為「Mojito」，當中「Mojo」在非洲語更有「施咒」的意思。

15

# 益母草

**別名：**
益母、紅花艾、月母草
**植物來源：**
唇形科　益母草
*Leonurus japonicus* Houtt.

## 簡介

益母草的名字顧名思義對於女性健康有着眾多的益處，它不僅可以調節月經周期，舒緩經痛，還有美容養顏的功效，是女性的「萬能小幫手」。

益母草為一年生或兩年生草本。莖四棱形；葉形多種；花無梗；花冠白粉紅或淡紫紅色，唇形。

**傳統功效：**
益母草以地上部分入藥，有活血調經，利尿消腫，清熱解毒的功效。用於月經不調，痛經經閉，惡露不盡，水腫尿少，瘡瘍腫毒。

# 動手種植

種植難度：★★★

**栽培條件：**

**壤土：** 宜使用疏鬆、排水性良好、不容易結塊或積水的砂質壤土。

**陽光：** 喜光，宜長時間日照，6-8 小時為佳，應盡量讓植株平均地照射到陽光。夏季酷熱時需注意遮陰。

**水分：** 耐濕，忌積水，需注意花盆疏水性。春秋約 5 日澆水 1 次；夏季約 2 日澆水 1 次；冬季約每 2 星期澆水 1 次。當淺層壤土變乾了，亦該澆水。

**施肥：** 不施肥仍可正常生長。若定時採割莖葉，應每半個月施稀釋過的氮肥含量較高的有機質肥料 1 次在休眠期（採果實後至冬季完結），應停止施肥。

**種植時長：**

**春播：** 種植約 3-4 個月後採收全草。

**秋播：** 種植約 1 年後採收全草。

**種植季節：** 春季、秋季

**種植方法：** 種子繁殖

**栽培介質：** 泥炭土、珍珠石

**適宜擺放：** 客廳、陽台

# 採收加工

**春播：** 於當年 7 月中上旬，在每株開花 2/3 時採收全草。

**秋播：** 於翌年 5 月下旬至 6 月上旬，在每株開花 2/3 時採收全草。

# 隨手用

## 益母草煲雞蛋

**材料**

鮮益母草 40 克（乾品 20 克）
雞蛋 2 個　　紅糖或黑糖適量

**製法**

將益母草洗淨後加水和雞蛋同煮 15 分鐘，將雞蛋撈起剝殼後，放回鍋中再煮 5 分鐘，依喜好加紅糖或黑糖調味即可。

**用法**

每週 2 次，可連湯汁飲用。

**用途**

活血化瘀，調經。適用於氣血瘀滯之痛經、月經不調、產後惡露不止等症狀。

**注意事項**

- 孕婦慎服。
- 血虛無瘀、月經流量過多者忌服。

## 益母草山楂茶

**材料**

鮮益母草 20 克（乾品 10 克）
山楂 4-5 片　　紅糖或黑糖適量

**製法**

將材料洗淨後加水同煮 15 分鐘，隔渣倒出，依喜好加紅糖或黑糖調味即可。

**用法**

每日一杯，飲用至經期完結。

**用途**

活血化瘀，調暢氣血。舒緩由寒凝血瘀引起的痛經以及點滴不出的問題、經期間的水腫等。

**注意事項**

- 孕婦慎服。
- 血虛無瘀、月經流量過多者忌服。

外用

## 足浴

### 材料

青皮、烏藥、益母草各 30 克
川芎、紅花各 10 克　醋 50 毫升

### 製法

1. 取所有材料以大火煮開，再以小火煎煮約 30 分鐘。
2. 將煮好的藥液放涼至約攝氏 50 度，連渣倒到盆中，即成。

### 用法

浸過踝關節（若不足夠，可加適量溫水）。

### 用途

溫經散寒，活血止痛，理氣散結。適用於月經不調（痛經、經血色暗而帶血塊），四肢不溫等。

### 注意事項

- 使用前，建議在小區域進行皮膚測試，確保皮膚沒有過敏反應。如果出現任何不適，請停止使用並尋求醫療協助。
- 孕婦、足部有傷口、靜脈曲張嚴重者、酒後、飯前或飯後等，皆不宜使用。

- 浸泡的盆應避免使用金屬材質。
- 可以一些物理手段促進藥效，如以按摩球壓揉腳底或本身帶有物理按摩的泡腳盆。

# 趣味小故事

相傳，古時候有一位母親在生產時瘀血下不乾淨而遺有暗疾。生產後，經常面色蒼白、四肢冰冷，且腹部會隱隱作痛。她的孩子慢慢長大懂事後，十分心疼母親，經常會到處打聽是否有能讓母親康復的法子。

有一天，他在經過藥局時，看到有個男子求醫，說起自己的妻子在產後腹部經常隱隱作痛且四肢冰冷。那孩子聽完，認為跟母親的情況有些相似，便待那男子走後上前詢問藥局的人。得到肯定的答案後，他便向藥局買了少許草藥，讓母親試一試。果然，吃了那草藥後，母親的身體狀況有所好轉。然而，要完全治好母親，需要吃好一段時間的草藥。那開銷令本就不富裕的家實在難以負擔。他只好苦苦哀求，請藥局的人告訴自己這草藥能在何處尋得。那人見這孩子如此孝順，便於心不忍，告訴了他。他連忙道謝，然後回家找尋那剩餘的草藥渣。

到了野地，他一邊對比手裏的草藥渣，一邊留意着眼前的花花草草，終於找到了一種花是一圈圈的圍在莖上，有的是粉白色，有的是紫紅色，葉子疏落但對稱地生長。他趕緊採了些回家，煎成湯藥給母親服下。過了一段時間，眼看母親的身體漸漸好起來。後來，他想着這草藥對母親的身體有益處，又解除了病痛的折磨，便稱其為「益母草」。

# 16 迷迭香

**別名：**
海洋之露、直立迷迭香、匍匐迷迭香

**植物來源：**
唇形科　迷迭香
*Rosmarinus officinalis* L.

## 簡介

迷迭香的別名為「海洋之露」，它是一種靠近海岸邊生存的植物，只需要來自海上的水氣便能存活和繁殖。

迷迭香為灌木。葉無柄或短柄，草質，線形，向背面捲曲，上面近無毛，下面密被白色星狀絨毛；花冠藍紫色，外被疏短柔毛，內面無毛。

**傳統功效：**
迷迭香以全草入藥，有發汗，健脾，安神，止痛的功效。用於各種頭痛及防止早期脫髮。

# 動手種植

**種植難度：**★★★

**泥土栽培條件：**

**壤土：**宜使用肥沃、黏質、排水好的壤土。

**陽光：**每日接受 6 小時以上的陽光。

**水分：**忌積水，宜每週澆水 1-2 次，保持壤土微濕。

**施肥：**種在肥沃或黏質的壤土中時，迷迭香不需要施肥。如果是種在貧瘠壤土中，少量堆肥或加緩釋肥能夠促進它生長。在生長和開花期間每月施肥 1 次。

**水培種植條件：**

**陽光：**要有充足的日光。

**換水頻率：**第一周 2~3 天換 1 次水，之後等水變混濁之後再更換。

**施肥：**每 1-2 週 1 次用液態肥施肥。

**種植時長：**

種植半年至 1 年後採收全草。

**種植季節：**春季、秋季

**種植方法：**扦插繁殖

**栽培介質：**泥炭土、珍珠石

**適宜擺放：**房間、辦公室、客廳、陽台、花園

# 採收加工

於 5-6 月採收。採收後洗淨，切段，鮮用或經曬乾乾燥使用。

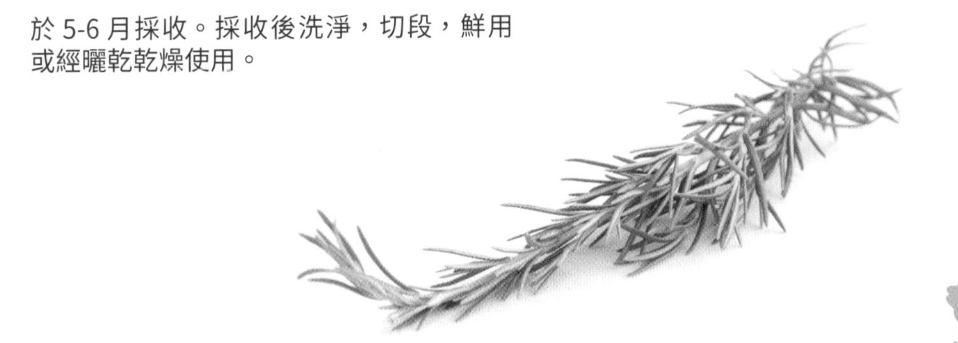

# 隨手用

內服

## 迷迭香花茶

**材料**

鮮迷迭香、玫瑰花各 3 克
蜂蜜適量

**製法**

將鮮迷迭香和玫瑰花放入 500 毫升的水中浸泡 5 分鐘後濾渣，並加入蜂蜜拌勻飲用。

**用法**

在頭痛或調理時可飲用，連服 1 星期。

**用途**

調經，活血，美容養顏，改善頭痛。

**注意事項**

孕婦慎服。

## 迷迭香煎羊扒

**材料**

鮮迷迭香 2 棵　　羊架 2-3 塊
海鹽、黑胡椒、橄欖油各適量

**製法**

1. 將羊架徹底解凍，並將鮮迷迭香搗碎備用。
2. 加入適量海鹽、黑胡椒和迷迭香，醃製 10 分鐘。
3. 鍋中倒入橄欖油，油熱後放入羊架，兩面煎至熟，並呈金黃色。
4. 靜置 10 分鐘，即可食用。

**用法**

作菜餚食用。

**用途**

補中益氣，開胃健身。

**注意事項**

身體壯實偏熱、熱毒暗瘡、煩躁失眠、口乾便秘等不宜食用。

# 迷迭香油

**材料**

鮮迷迭香 5 棵
橄欖油 500 毫升

**製法**

1. 將所有材料放入鍋中，小火加熱至起微泡，關火靜置放涼。
2. 放涼後可放入玻璃密實容器，即成。

**用法**

可用於日常製作西式料理。

**用途**

提神醒腦，提味。

封罐後需保存於陰涼處。

## 趣味小故事

迷迭香源於地中海地區，最早被古希臘人使用於宗教儀式，迷迭香在古希臘被認為是一種神聖的植物，它被認為能夠淨化空氣，驅逐邪惡的力量，所以常用於宗教儀式和崇拜活動中。而且迷迭香也是一種身份的象徵，迷迭香被用來編製冠冕和花環，如勝利者、學者、神職人員等會戴上由迷迭香製成的冠冕用於各種重要慶祝活動。

直至人們對迷迭香的熟悉運用，它的莖、葉和花都可以提煉出精油，所以大大被廣泛使用於烹飪調味料、香水、精油、除蟲產品中。在傳統的地中海料理中菜餚如披薩、義大利麪、肉類料理中很常見，可以增添香氣和風味。

# 17 羅勒

**別名：**
九層塔、香菜、千層塔

**植物來源：**
唇形科　羅勒
*Ocimum basilicum* L.

## 簡介

羅勒的辛香清甜是來自於丁香油酚、甲基丁香酚等揮發油成分，有着芳香的氣味同時，也有非常好的殺菌消炎、消除疲勞功效。

羅勒為一年生草本，全株芳香。莖直立，四棱形；葉對生，葉片卵形或卵狀披針形，葉緣全緣或具疏鋸齒；花冠淡紫色或白色。

**傳統功效：**
羅勒以全草入藥，有疏風解表，化濕和中，行氣活血，解毒消腫的功效。用於感冒頭痛，發熱咳嗽，中暑，食積不化，不思飲食，皮膚濕瘡，跌打損傷，蛇蟲咬傷。

# 動手種植

**種植難度：**★★★

**泥土栽培條件：**

**壤土：**宜使用排水良好、肥沃疏鬆的砂土或腐殖質壤土。

**陽光：**喜光，光照時間每日宜 3-6 個小時為佳。

**水分：**喜濕，宜每週澆水 2 次，在天氣炎熱時適當增加澆水頻率。

**施肥：**宜每月以含氮為主的有機肥施肥。

**水培種植條件：**

**陽光：** 需要大量散射光照，大約每日 6-8 小時為佳。

**換水頻率：**每 3-4 日換 1 次水。

**施肥：** 有需要可加少量稀釋過的氮肥為主的營養液至水中。

**種植時長：**

大約 3 個月。羅勒花芽剛開始形成時為最佳採收時期。

**種植季節：**全年

**種植方法：**種子繁殖

**栽培介質：**泥炭土、珍珠石

**適宜擺放：**房間、辦公室、客廳、陽台

# 採收加工

需於開花前開始收割，亦可見長出 3-6 對葉片時採收，鮮用、陰乾或烘乾。

Tips 建議分多次採收，以促進基部長新芽。

# 隨手用

## 羅勒番茄湯

**材料**

番茄 4 個　鮮羅勒葉 12 克
鹽、紅菜頭各適量
醋或茄膏適量

**製法**

1. 將番茄切塊，放入鍋中炒約 15 分鐘。
2. 將番茄放入攪拌機打碎，用隔器把渣過濾掉，再煮滾，加入鮮羅勒葉，以鹽調味即成。
3. 在番茄湯中加入紅菜頭能令顏色變得更鮮艷，加入醋或茄膏能令酸味更突出，可按個人喜好調整。

**用法**

在菜餚需要提升鮮味時，可加入 20 克羅勒葉來豐富菜式味道。

**用途**

提升鮮味。

## 羅勒越南河粉

**材料**

鮮羅勒葉 3-4 片　河粉 80 克
牛肉片 3-5 片　洋葱半個
豆芽菜、青辣椒、牛肉湯各適量

**製法**

1. 將豆芽菜切小段，洋葱與青辣椒切碎洗淨備用。
2. 將河粉煮 8 分鐘，加入牛肉湯，調味。
3. 在關火前 1 分鐘加入牛肉片及豆芽菜。最後加鮮羅勒葉、洋葱及青辣椒，即成。

**用法**

可作為日常食用。

**用途**

促進食慾。

Tips　食用前可依照個人口味加入檸檬汁。

# 羅勒生薑綠茶

**材料**

乾羅勒葉 15 克　　生薑片 15 克

**製法**

1. 將所有材料洗淨，放入壺中，並加入熱水。
2. 浸泡 20 分鐘後即可服用。

**用法**

每日服用 1 次，連服一星期。

**用途**

疏風解表，用於輕度風寒感冒。

**注意事項**

僅適用於風寒感冒，風熱感冒患者或體熱人士慎服。

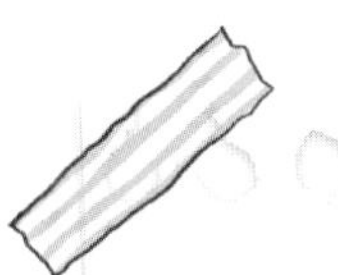

## 趣味小故事

羅勒是世界各地的著名香料，在不少特色料理中都經常使用，除了上述提及羅勒醬、羅勒番茄湯外，羅勒在泰國菜、意大利菜中亦有重要的地位，例如泰菜中的羅勒炒雞肉，意大利的羅勒青醬意大利粉，都是香港人熱愛的菜餚。羅勒的藥用功效除了直接服用，亦可以提取精油進行芳療，具有祛風利濕，散瘀止痛的作用，受大眾歡迎。

由於羅勒有眾多的用途，現時羅勒的品種在全球多達 150 多種，包括常用於調味料的泰國聖羅勒 (Thai Holy Basil)、提煉精油的檸檬羅勒 (Lemon Basil)、或用於印度宗教活動中的聖羅勒 (Holy Basil)。

在美容護膚中，檸檬羅勒有助於改善於皮膚問題，例如臉上生痘痘、皮膚過於乾燥等，使用羅勒能消炎和滋養皮膚，對於受皮膚問題的朋友，可嘗試使用羅勒油進行護膚。

而在希臘，羅勒擁有崇高的地位，國王在基督教的儀式中會以塗抹用羅勒所製聖油來提升自己的精氣神，並以此淨化身體，羅勒的英文 Basil，便是由希臘語中是 Basilikon 演化而成，意思為國王，故此當地亦稱羅勒為「帝王之草」。

# 18 馬齒莧

**別名：**
五行草、馬莧菜、馬齒草

**植物來源：**
馬齒莧科　馬齒莧
*Portulaca oleracea* L.

## 簡介

馬齒莧擁有獨特的外表，其根白（金）、葉青（木）、梗赤（火）、花黃（土）、子黑（水），合中醫的五行之說。人們會稱它為「五行草」。

馬齒莧為一年生草本。莖多分枝，平卧或斜倚，伏地鋪散，淡綠色或帶暗紅色；葉互生或近對生，正面暗綠色，背面淡綠色或帶暗紅色；花瓣淡黃色，倒卵形；蒴果短圓錐形，棕色。

**傳統功效：**
馬齒莧以地上部分入藥，有清熱解毒，涼血止血，止痢的功效。用於熱毒血痢，癰腫疔瘡，濕疹，丹毒，蛇蟲咬傷，便血，痔血，崩漏下血。

# 動手種植

**種植難度：**★★★

**栽培條件：**

**壤土：** 宜使用肥沃、透氣、排水良好的砂質壤土。

**陽光：** 喜光，宜日照至少 6 小時。

**水分：** 喜濕，忌積水，宜每週澆水 2-3 次。在春、夏季高溫期需水量較大，應適量增加澆水次數。

**施肥：** 春末時，宜每 2 週使用 1 次低含濃度磷鉀的肥料。

**種植時長：**

種植約 1 個月後採收地上部分。

**種植季節：**春季

**種植方法：**種子繁殖

**栽培介質：**泥炭土、珍珠石

**適宜擺放：**陽台、花園

# 採收加工

於夏季採收，當植株生長高度達 25-30 厘米時由基部採挖，保留 2-4 節，可採收多次。除去雜質、泥土，鮮用；或用開水稍煮一下，取出曬乾。

## 馬齒莧懷山瘦肉湯

**材料**

鮮馬齒莧葉 20 克 懷山 30 克
瘦肉 200 克 蜜棗 10 克

**製法**

1. 將瘦肉洗淨切絲。
2. 鍋中加入約 2 升的水，水滾後加入適量鮮馬齒莧葉、懷山、肉絲。
3. 小火燉 45 分鐘後加入蜜棗，調味即成。

**用法**

適合濕熱型濕疹、皮膚熱毒患者作為日常食療。

**用途**

清熱利濕，補脾養胃，生津益肺。對皮膚紅腫，痕癢或急性濕疹有舒緩作用。

**注意事項**

脾胃虛弱、容易腹瀉及孕婦不宜服用。

## 涼拌馬齒莧

**材料**

鮮馬齒莧 20 克 醬油、醋各適量

**製法**

1. 將鮮馬齒莧葉與嫩莖洗淨，水滾後放入，中火煮約 3 分鐘即可盛起。
2. 根據個人口味，加入醬油、醋等醬料調味，即成。

**用法**

適合夏季的炎熱氣節作為日常食療，建議每星期服用 1-2 次。

**用途**

清熱解毒，涼血止血，通大便，改善因身體困濕出現皮膚不適。

**注意事項**

脾胃虛弱、容易腹瀉及孕婦不宜食用。

外用

## 馬齒莧水

**材料**

馬齒莧、金銀花各適量

**製法**

1. 取適量的馬齒莧、金銀花煲水外洗或濕敷患處。
2. 將汁液以已消毒的密封容器裝起來，放於雪櫃保存。

**用法**

建議每日使用 1 次。

**用途**

急性濕疹發作，皮膚出現紅斑、感染或滲液，均適宜使用，有止痕作用。

**注意事項**

使用前，建議在小區域進行皮膚測試，確保皮膚沒有過敏反應。如果出現任何不適，請停止使用並尋求醫療協助。

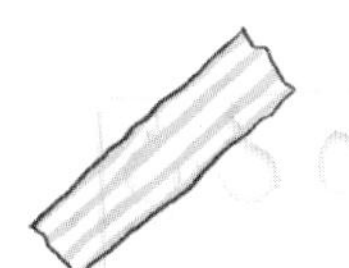

## 趣味小故事

馬齒莧雖然不是名貴的中藥植物，卻擁有超乎想像的藥用功效和生命力！馬齒莧除了具有清熱解毒、涼血止血的作用外，它還是「天然抗生素」。包括高含量的鐵、鎂、錳、鉀、鈣等礦物質，以及維他命 A、B 群、C、E，提供了豐富的營養價值。馬齒莧不僅可以用於治療疾病，還是一種健康食材！

然而，最令人驚嘆的是馬齒莧的生命力。這種植物不僅能夠在濕熱的嶺南環境中茁壯成長，還能忍受旱災和洪水的考驗，不論是在路邊、田野還是城市的角落也能夠發現它的身影。

在嶺南地區，馬齒莧更是享有盛譽。嶺南的濕熱天氣使得馬齒莧成為當地居民的寵兒。也由於它神奇的功效，當時民間認為吃了馬齒莧便會長壽，所以人們將它稱為「長壽草」。根據《本草綱目》中將其歸入菜部，並記載：「人多採苗煮曬為蔬」。以往民間曬乾，用鹽醃製後當鹹菜食用。

19

# 魚腥草

**別名：**
蕺菜、狗貼耳、臭蕺

**植物來源：**
三白草科　蕺菜
*Houttuynia cordata* Thunb.

## 簡介

魚腥草是一種常見的藥用植物，在嶺南地區尤其受到歡迎。它的莖葉具有濃烈的魚腥味，這也是它的名稱由來。魚腥草也是一種集藥物、野菜和飼料於一身的植物。

魚腥草為多年生草本，全株有腥臭味。莖常呈紫紅色，無毛或節上被毛；葉紙質，有腺點，背面尤甚，卵形或闊卵形，先端短漸尖，基部心形，正面綠色，背面常呈紫紅色；花小，白色，苞片花瓣狀。

**傳統功效：**
魚腥草以全草入藥，有清熱解毒，消癰排膿，利尿通淋的功效。用於肺癰吐膿，痰熱咳嗽，熱禮，熱淋，癰腫瘡毒。

## 動手種植

種植難度：★★★

**栽培條件：**
**壤土：**宜使用肥沃、黏質的壤土。
**陽光：**每日 3-6 小時。
**水分：**每週澆水 1-2 次。在夏天要每日澆水 2 次或以上。
**施肥：**選擇磷和鉀含量高於氮含量的肥料，施肥 1 次就行。

**種植時長：**
種植約半年後採收全草。

**種植季節：**春季

**種植方法：**根莖繁殖

**栽培介質：**泥炭土、珍珠石、塘泥

**適宜擺放：**花園

## 採收加工

**嫩莖葉：**苗高 8-10 厘米時便可以開始採摘。
**帶根全草：**於栽種當年或第二年夏、秋二季時採收。

上述兩者經採收後供鮮用或曬乾後使用。

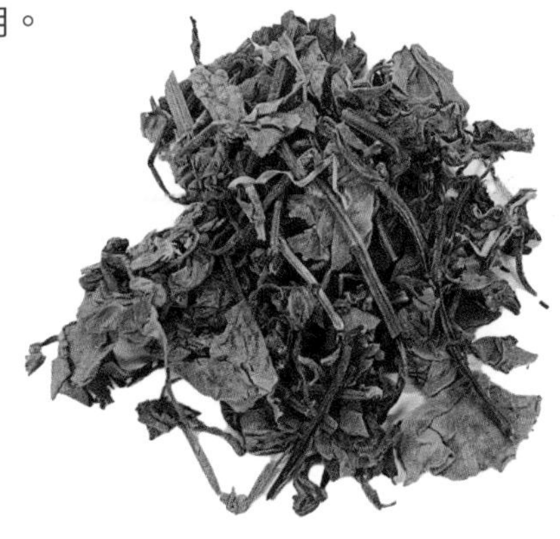

# 隨手用

## 魚腥草雞湯

**材料**

| | |
|---|---|
| 魚腥草 150 克 | 枸杞子 20 克 |
| 雞肉半斤 | 大棗適量 |
| 米酒 2 大匙 | 鹽 1 茶匙 |

**製法**

1. 首先將雞肉燙去血水，然後將魚腥草放在另一個煲裏，並加水淹至滿後用小火煮 1 小時，然後取湯汁。
2. 接着在湯中加雞肉、大棗、米酒，用小火煮 30 分鐘，而枸杞子則在湯差不多快煮好時才放。
3. 最後加鹽調味即可。

**用法**

每日 1 次，飲用 1 星期。

**用途**

改善鼻過敏。

**注意事項**

脾胃虛弱或脾胃虛寒者慎服。

## 涼拌魚腥草

**材料**

鮮魚腥草根 30 克
芫荽、蒜蓉、醬油、醋、葱花各適量

**製法**

1. 將鮮魚腥草根洗淨，中火煮約 3 分鐘即可盛起。
2. 加入芫荽、蒜蓉、醬油、醋等醬料調味，撒上葱花即成。

**用法**

1 星期服用 2-3 次。

**用途**

清熱解毒，利尿通淋，舒緩小便灼熱刺痛。

**注意事項**

脾胃虛弱或脾胃虛寒者慎服。

# 魚腥草竹蔗甘筍薏仁水

**材料**

魚腥草 20 克　　竹蔗、甘筍各 1 條
白茅根 1 紮　　馬蹄 5-6 顆
熟薏苡仁 10 克　　糖冬瓜數塊

**製法**

將糖冬瓜切片，切片後連同其餘材料浸洗乾淨，加 7-8 碗水慢煲 45 分鐘至出味就行。

**用法**

每日 1 次，飲用 1 星期。

**用途**

清熱利尿。

**注意事項**

脾胃虛弱或脾胃虛寒者慎服。

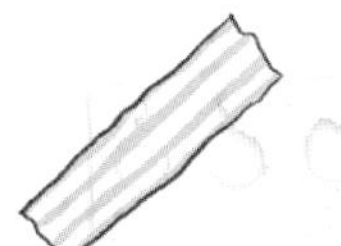

## 趣味小故事

魚腥草又名「折耳根」，是四川一帶的道地食物，除了以上食譜煮湯或涼拌，在西南地區的民間菜中，也會用根或葉來炒菜或做火鍋配菜等。民間經常運用魚腥草作食用外，同時它的藥用價值也很高。魚腥草具有利尿、消炎、抗菌等作用，歸肺經、膀胱經，主治膀胱熱淋、小便不利等病症。它在治療感冒方面也有很好的療效，可用於治療風熱感冒引起的咳嗽、發熱、痰多等症狀。在新冠肺炎疫情期間，魚腥草也被認為是重要的中藥之一。

**別名：**
紫萬年青、蚌花、紫錦蘭

**植物來源：**
鴨跖草科　紫背萬年青
*Tradescantia spathacea* Sw.

## 簡介

紫背萬年青包裹花朵的紫色苞片的汁液有刺激性，接觸到皮膚可能會引起發癢或刺痛的反應，所以在採收加工時建議戴上手套處理。

紫背萬年青為多年生草本。葉片披針形或舌狀披針形，正面暗綠色，背面紫色；聚傘花序生於葉的基部，大部藏於葉內；花白色。

**傳統功效：**
紫萬年青以花和葉入藥，其花稱爲「蚌花」，兩者同有清肺化痰，涼血止血的功效。用於肺熱咳喘，咯血，鼻衄，百日咳。

## 動手種植

種植難度：★★★

**栽培條件：**
**壤土：**宜使用黏質壤土。
**陽光：**每日 3-4 小時，不宜暴露在過多的陽光下。
**水分：**每週澆水 2 次。
**施肥：**2-4 星期施肥 1 次。

**種植時長：**
種植約 3 個月後採收葉片。

**種植季節：**春季
**種植方法：**分株繁殖
**栽培介質：**泥炭土、珍珠石
**適宜擺放：**客廳、陽台

## 採收加工

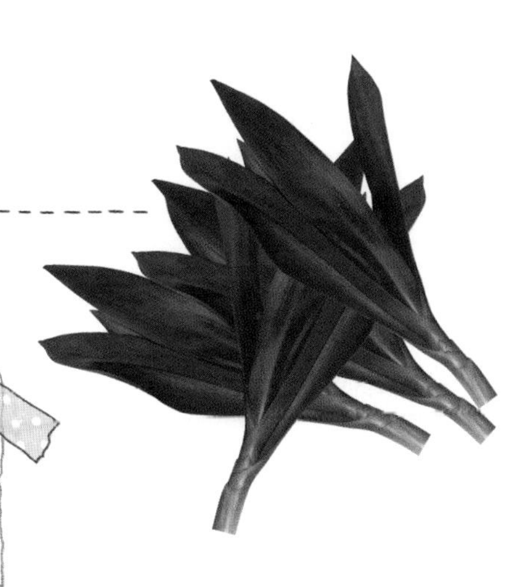

**葉：**全年均可採收鮮用或曬乾。
**花：**夏季採收，曬乾。

紫背萬年青苞片汁液有刺激性，可引起皮膚瘙癢刺痛，建議採收時戴上手套。

內服

## 蚌花茶

**材料**

乾紫背萬年青葉 2-3 片
冰糖適量

**製法**

將紫背萬年青放入水中，加適量冰糖煮至溶化，即成。

**用法**

一星期服用 1-2 次。

**用途**

清肺化痰，舒緩喉嚨痛不適。

**注意事項**

紫背萬年青性偏寒，體質偏寒或脾胃虛寒的人不宜服用。

## 紫背萬年青豬肉湯

**材料**

乾紫萬年青葉 2-3 片（或乾花 2-3 朵）
豬肉 200 克　大棗 3 粒

**製法**

1. 將豬肉洗淨切厚片，汆水備用。
2. 將所有材料放入燉盅內。
3. 放入蒸爐 100°C 燉 2 小時，即成。

**用法**

一星期服用 1-2 次。

**用途**

清熱化痰，潤燥止咳。

**注意事項**

紫背萬年青性偏寒，體質偏寒或脾胃虛寒的人不宜服用。

外用

# 紫背萬年青敷膏

**材料**

鮮紫背萬年青根莖 2-3 塊

**製法**

將鮮紫背萬年青根莖搗爛絞汁，即成。

**用法**

外敷患處，每次 5 分鐘，持續 1 星期。

**用途**

可舒緩燙傷。

**注意事項**

使用前，建議在小區域進行皮膚測試，確保皮膚沒有過敏反應。如果出現任何不適，請停止使用並尋求醫療協助。

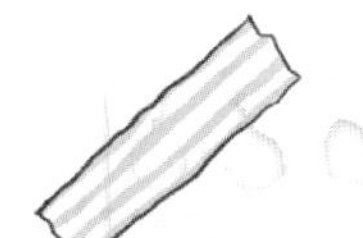

## 趣味小故事

紫背萬年青除了常被用作於治療喉嚨不適，有藥用價值之外，在中國歷史上也是十分出名的風水植物。因為紫萬年青有吸附甲醛、二氧化硫等有害物質的功能，能夠淨化室內空氣，這符合風水中「能源暢通」的理念。而紫背萬年青的紅苞片中含着許多玉白色小花，色彩對比明顯，就像蚌殼吐珠的情景，十分少見，所以又叫蚌蘭。

# 21 廣東萬年青

**別名：**
大葉萬年青、亮絲草、粵萬年青

**植物來源：**
天南星科　廣東萬年青
*Aglaonema modestum* Schott ex Engl.

## 簡介

廣東萬年青的葉色濃有光澤，長年四季保持青色，所以被稱為「冬不凋草」。在中國傳統裝飾中，廣東萬年青也有象徵健康，好兆頭的意義，所以常被用作於室內風水擺設。

廣東萬年青為多年生常綠草本。地下莖橫走，具節間，越向上節間越緊縮；單葉互生，卵形或卵狀披針形，先端有漸尖；花序腋生，頂生白色帶淺黃色佛焰苞，圓柱形肉穗花序藏佛焰苞內，花序上生無數小花。

**傳統功效：**
廣東萬年青以根莖或莖葉入藥，有清熱涼血，消腫拔毒，止痛的功效。用於咽喉腫痛，白喉，肺熱咳嗽，吐血，熱毒便血，瘡瘍腫毒，蛇、犬咬傷。

# 動手種植

種植難度：★★★

**栽培條件：**
**壤土：**宜使用黏質壤土。
**陽光：**每日 3-4 小時，不宜暴露在過多的陽光下。
**水分：**每週澆水 2 次。
**施肥：**2-4 星期施肥 1 次。

**種植時長：**
種植約 3 個月後採收根莖及莖葉。

**種植季節：**春季

**種植方法：**種子繁殖

**栽培介質：**泥炭土、珍珠石

**適宜擺放：**房間、辦公室、客廳、陽台

# 採收加工

**根莖：**秋後採收，鮮用或切片曬乾。
**莖葉：**夏末採收，鮮用或切段，曬乾。

# 隨手用

## 青棗水

**材料**

廣東萬年青葉 2-3 片
大棗 4 枚

**製法**

所有材料一同放入水中，加熱煎服，即成。

**用法**

每日 1 次，連服 1 個月。

**用途**

清熱解毒，補養氣血。

**注意事項**

廣東萬年青性偏寒，體質偏寒或脾胃虛寒的人不宜服用。

## 廣青漱喉水

**材料**

鮮廣東萬年青根莖 2-3 塊
醋少許

**製法**

將鮮廣東萬年青根莖搗爛絞汁並加醋少許，即成。

**用法**

含漱，每次 3 分鐘。

**用途**

舒緩咽喉腫痛。

**注意事項**

只供漱喉，不能內服，否則會引起肚痛。

外用

## 廣青敷膏

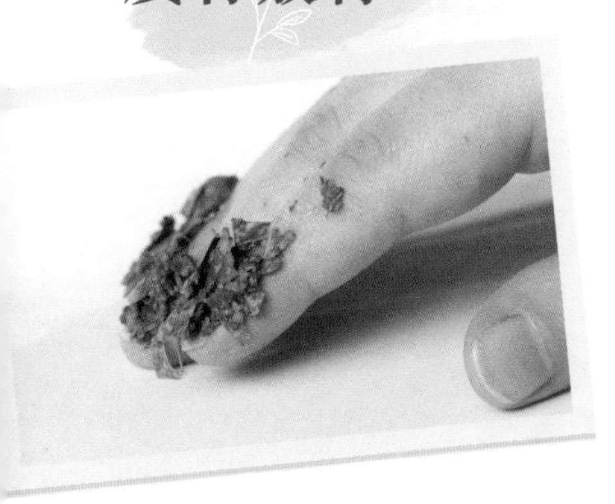

**材料**

鮮廣東萬年青全株適量。

**製法**

將適量鮮廣東萬年青根莖搗爛，即成。

**用法**

外敷患處，每次 15 分鐘，持續 1 個月。

**用途**

消腫拔毒，瘡瘍腫毒，改善紅腫。

**注意事項**

使用前，建議在小區域進行皮膚測試，確保皮膚沒有過敏反應。如果出現任何不適，請停止使用並尋求醫療協助。

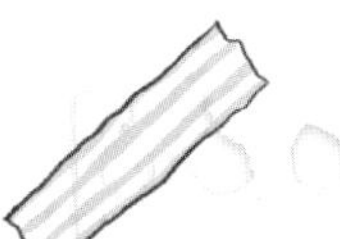

## 趣味小故事

廣東萬年青也有其他名稱相似的品種，如花葉萬年青，由於葉片兩面深綠色，表面鑲嵌了密集、不規則的白、乳白、淡黃等色斑點、斑紋、斑塊，所以又叫黛粉葉。

而虎眼萬年青則是在鱗莖包皮上長出幾個小子球，形似虎眼，故而得名。也因為鱗莖球委很像葫蘆，所以又俗稱為葫蘆蘭。

至於中華萬年青翠綠欲滴，四季常青。加上它那橘紅的碩果在冬天不會凋零，所以在民間被視為吉祥如意的象徵，栽培品遍佈南北各地，而被稱為中華萬年青。

最後斑馬葉萬年青則是因為它的兩側葉片上散布着不規則的白色或鵝黃色的斑點和條紋，顯得格外優美雅致，像斑馬身上的斑紋，故有此名。

# 22 積雪草

**別名：**
崩大碗、馬蹄草、老鴉碗

**植物來源：**
傘形科　積雪草
*Centella asiatica* (L.) Urb.

## 簡介

積雪草葉片形狀特殊，猶如一隻崩了角的碗，所以一般在嶺南地區會稱積雪草為「崩大碗」。積雪草多見生於山野、路旁、田邊，能輕易生長和繁殖，一般民間大眾用來煎煮成湯或涼茶飲。

積雪草為多年生草本植物。其莖匍匐，細長；葉片圓形或腎形，先端圓，基部心形，葉緣鈍鋸齒。

**傳統功效：**
積雪草以全草入藥，有清熱利濕，解毒消腫的功效。用於濕熱黃疸，中暑腹瀉，石淋血淋，癰腫瘡毒，跌扑損傷。

# 動手種植

種植難度：★★★

**栽培條件：**

**壤土：** 宜使用濕潤、鬆軟、排水性良好、肥沃的腐殖質壤土。

**陽光：** 喜溫暖濕潤，宜置於半陰的環境，光照時長約 4-6 小時為佳。

**水分：** 需保持壤土潮濕，宜一週澆水 2 次，注意排水。夏天可經常向植株噴水以保持濕度。

**施肥：** 約每月少量施氮肥 1 次。

**種植時長：**

種植約 3 個月後採收全草。

**種植季節：** 春季

**種植方法：** 分株繁殖

**栽培介質：** 泥炭土、珍珠石

**適宜擺放：** 房間、辦公室

# 採收加工

於夏季採收全草，曬乾或鮮用。

**積雪草汁**

1. 以剪刀剪下嫩枝及嫩葉，清洗乾淨後放入攪拌機，攪拌成液體狀態，用過濾袋或隔器過濾殘渣。
2. 可鮮用；或儲存於密封容器並冷藏，存放 3 日。

隨手用

## 涼拌積雪草沙律

**材料**

鮮積雪草嫩葉 25 克
紅蘿蔔半條　　　芽菜 30 克
橄欖油、檸檬汁各適量

**製法**

1. 把紅蘿蔔、芽菜、鮮積雪草嫩葉洗淨。把紅蘿蔔切成幼絲，並把芽菜、鮮積雪草嫩葉放入沸水中灼熟，撈起放涼。
2. 依據個人口味加入適量的橄欖油及檸檬汁，拌勻後即可服用。

**用法**

在天氣悶熱，食慾不振時可作一道開胃小菜，在餐前吃用。

**用途**

開胃，促進食慾。

**注意事項**

脾胃虛寒者慎服。

## 積雪草菊花茶

**材料**

菊花 15 克　　　冰糖適量
乾積雪草 15 克

**製法**

1. 菊花及乾積雪草用水洗淨後放入煎藥袋中，放入湯煲內加入 3 碗清水，煮 10 分鐘後即可服用。
2. 可隨個人口味加入適量冰糖進行調味。

**用法**

每日飲用 1 次，連服一星期。

**用途**

清熱利濕，解毒消腫，舒緩喉嚨痛症狀。

**注意事項**

脾胃虛寒者慎服。

## 外用

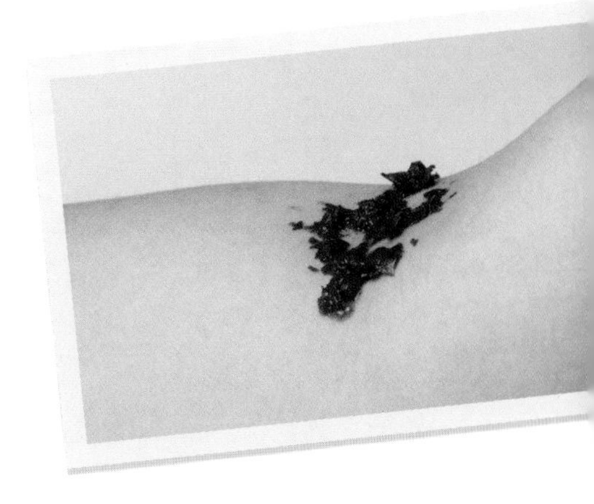

**用法**

取新鮮積雪草汁並薄塗患處，每日 1 次，連用一星期。

**用途**

舒緩皮膚損傷、疱疹、暗瘡、皮膚炎。

**注意事項**

使用前，建議在小區域進行皮膚測試，確保皮膚沒有過敏反應。如果出現任何不適，請停止使用並尋求醫療協助。

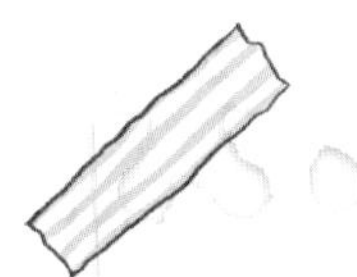

# 趣味小故事

相信大家對「積雪草」這名字並不陌生，積雪草活躍於多個知名護膚品牌的產品成分中，因為從積雪草中含有多種能天然護膚保養成分，所以成為了保養品界新一代的寵兒。它能舒緩和治療受損皮膚，恢復皮膚水分屏障、減少炎症、防止黑斑、疤痕形成，促進皮膚的血液循環等。不過在積雪草於護膚界大放異彩之前，它已用另一個名稱出現於香港的大街小巷，那就是涼茶舖中的「崩大碗」。

在嶺南地區，一些涼茶店亦有販賣崩大碗這款涼茶，作清熱解暑之用，廣東名老中醫何炎桑就有醫案說明，崩大碗甘淡而寒，清熱解毒祛濕之力甚強，又不傷正氣。但因為崩大碗藥性寒涼，容易導致脾胃損傷，所以不適用於脾胃虛寒者及孕婦，素來體弱的女性亦要慎用。

積雪草生命力頑強，在野外的潮濕土壤亦常遇見，也許某天我們路過的草叢中，便隱藏這這種擁有神奇功效的小小草藥。

23

# 雞屎藤

**別名：**
雞矢藤、牛皮凍、臭藤

**植物來源：**
茜草科　雞屎藤
*Paederia foetida* L.

## 簡介

「雞屎藤」之名皆因其臭味而得。《本草綱目拾遺》亦提及到搓其葉後會散發臭氣，故亦有「臭藤」之名。

雞屎藤為多年生草質藤本。葉對生，紙質，鮮者揉之有臭氣。花外面白色，內面粉紅色或暗紫色。

**傳統功效：**
雞屎藤以全草或根入藥，有祛風除濕，消食化積，活血止痛，解毒消腫的功效。用於風濕痹痛，食積腹脹，小兒疳積，腹瀉，肝脾腫大，咳嗽，濕疹，皮炎。

## 動手種植

**種植難度：★★★**

**栽培條件：**

**壤土：**宜使用濕潤、深厚、排水性良好、肥沃的腐殖質壤土或砂質壤土。

**陽光：**喜光，日照時長 6 小時以上為佳。

**水分：**壤土需保持一定濕度，宜每週澆水 1 次，並與夏季多注意盆土濕度，乾時澆水，忌長期積水。

**施肥：**每 30 天施肥 1 次，建議使用等比例的氮磷鉀複合肥。

**種植時長：**

種植大約半年至 1 年後採收全草。

**種植季節：**春季

**種植方法：**種子繁殖

**栽培介質：**泥炭土、珍珠石

**適宜擺放：**花園（配籬笆）

## 採收加工

於每年 9-10 月採收全草，曬乾或晾乾。

# 隨手用

## 雞屎藤白朮湯

**材料**

白朮 15 克　　乾雞屎藤 30 克

**製法**

把所有材料洗淨，湯煲內加入 3 碗清水，慢火煲 1 小時。

**用法**

連服 3 天。

**用途**

增進食慾，促進消化。

**注意事項**

孕婦或脾胃虛寒、久瀉便溏者應慎用。

## 雞屎藤枇杷葉茶

**材料**

枇杷葉 10 克　　鮮雞屎藤 10 克

**製法**

1. 把所有材料洗淨後放入茶包，置於壺中，並加入約 500 毫升熱水。
2. 浸泡 20 分鐘後即可服用。

**用法**

每日飯後服用 1 次，持續一星期。

**用途**

清熱止咳，可改善輕微痰熱咳嗽症狀。

**注意事項**

孕婦或脾胃虛寒、久瀉便溏者應慎用。

枇杷葉在使用前應先去除葉背絨毛，以免黏附咽喉而引起不適。

# 雞屎藤茶果

**材料**

鮮雞屎藤葉 50 克 白糖 30 克
糯米粉 100 克　　粘米粉 27 克
油適量

**製法**

1. 將鮮雞屎藤葉加水適量，用攪拌機打爛成汁，加入白糖，以小火煮至熔化，沸騰約 5 分鐘後關火備用。
2. 將糯米粉和粘米粉攪伴均勻。
3. 將雞屎藤汁分 3 次加入已攪拌均勻糯米粉及粘米粉中，加一湯匙食油，慢慢搓揉成團。
4. 雙手抹油，取約掌心份量大小的粉團，搓成球狀略壓平，放到防止黏鍋的蕉葉上。
5. 將粉團放入已預熱的蒸鍋中，用中大火蒸約 15 分鐘，即成。

**用法**

作為小食服用。

**用途**

清熱解毒，消食健胃。

**注意事項**

孕婦或脾胃虛寒、久瀉便溏者應慎用。

## 趣味小故事

雞屎藤是在南方一些鄉村中十分常見的多年生草質藤本植物。這種中草藥不但名字特別，而且有很高的藥用價值，在清初屈大均《廣東新語草語．卷二十七．艸語》中提及：「有皆治藤，蔓延牆壁野樹間，長丈餘，葉似泥藤，中暑者以根葉作粉食之，虛損者雜豬胃煑服。」

雞屎藤除了是祛風濕藥，也作消滯藥。雞屎藤主入脾、胃經，所以有很好的健脾功效，亦可選擇配與黨參、白朮、麥芽同用來使用。

雞屎藤的用途十分廣泛，也因其盛產於南方所以造就了一道美食——雞屎藤餅，又稱烏芹藤餅，是江門市新會在清明節時會準備的傳統小食。雞屎藤餅的起源眾説紛紜，根據其中一種説法，在五邑地區（新會、台山、開平、恩平、鶴山）曾經有一位先人上山時不慎墮落掉下山坡，但幸好有雞屎藤纏繞身體而獲救，之後後人就用「雞屎藤」作餅來拜祭感恩，成為了一個習俗。

# 24 蘆薈

**別名：**
象膽、庫拉索蘆薈、白夜城

**植物來源：**
百合科　蘆薈
*Aloe vera* (L.) Burm. f.

## 簡介

蘆薈為庭園觀賞植物，能於盆栽內種植，亦能適應高海拔、海岸、沙漠或草原等地方。蘆薈品種多達三百多種或以上，而庫拉索蘆薈因它的藥用價值而聞名。其應用非常廣泛，常見於肥皂、保濕劑、防曬乳和凝膠等消費品中。

蘆薈為多年生肉質草本植物。其莖短或無莖；葉片肥厚，綠色或灰綠色，葉緣有鋸齒；花帶黃色斑點。

**傳統功效：**
蘆薈以葉的汁液濃縮乾燥物入藥，有瀉下通便，清肝瀉火，殺蟲療疳的功效。用於熱結便秘，驚癇抽搐，小兒疳積；外用治癬瘡。

## 動手種植

種植難度：★★★

**栽培條件：**

**壤土：** 宜使用疏鬆、排水性良好、不容易結塊或積水的砂質壤壤土。

**陽光：** 喜光，宜長時間日照，8 小時以上為佳。

**水分：** 耐旱，忌積水，宜每個月澆水 2 次。

**施肥：** 不施肥仍可正常生長。若定時採割葉片，則宜每 2 個月施以氮肥為主的複合肥 1 次。

**種植時長：**

種植約 1 年後採收葉片。

**種植季節：** 春季、秋季

**種植方法：** 分株繁殖

**栽培介質：** 泥炭土 / 椰土、珍珠石

**適宜擺放：** 房間、辦公室、客廳、陽台

## 採收加工

**蘆薈粒 / 蘆薈膠**

割取鮮蘆薈葉片後清洗乾淨，把蘆薈切成小段，並去除綠色尖刺。

切走綠色外皮，獲得透明蘆薈肉。

把蘆薈肉的黏液洗淨，並切粒，存放於密封容器。

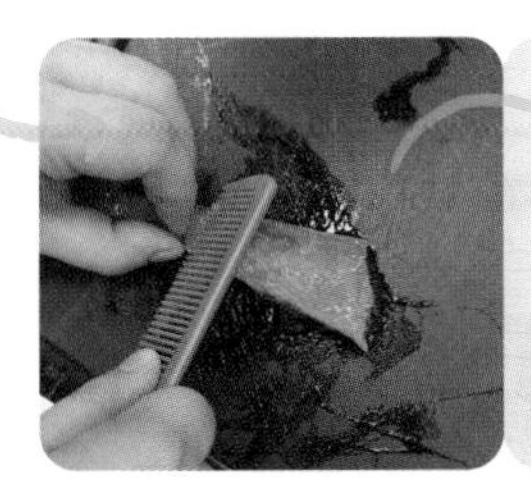

以用梳刮取蘆薈，得蘆薈膠，同樣存放於密封容器，以供外敷之用。

# 隨手用

## 蘆薈蜂蜜飲

**材料**

蘆薈肉 1 湯匙　蜂蜜 適量

**製法**

1. 添加蘆薈肉到杯子中。
2. 在杯中因應自己口味加入適量蜂蜜，用溫水沖服，攪拌均勻後即可飲用。

**用法**

每日 1 次，每次一杯，連服 1 週。

**用途**

舒緩便秘。

**注意事項**

- 孕婦慎服。
- 不宜長時間持續服用，在舒緩便秘情況後應停止飲用。

## 蘆薈藥粥

**材料**

蘆薈 50 克　白米 1 杯
生薑 2 片　冰糖 適量

**製法**

1. 將蘆薈洗淨後去除尖刺及綠色外皮，切成小粒，加入白米及水熬煮。
2. 加入生薑及冰糖，直至熬煮成粥即可服用。

**用法**

代替正餐服用，持續 3 日。

**用途**

健脾養胃，清熱通便，舒緩便秘。

**注意事項**

孕婦慎服。

若難以接受蘆薈汁的苦味，可在去皮前先把蘆薈泡水 10 分鐘。

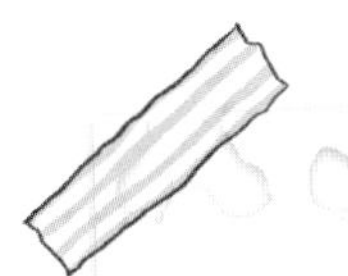

外用

**材料**

新鮮蘆薈膠適量

**用法**

1. 取新鮮蘆薈膠並塗抹於患處，一天 1 次，薄塗一層，敷 15 分鐘後以清水洗患處即可。
2. 可以用蘆薈膠敷面，隔日 1 次，薄塗一層，敷 15 分鐘後以清水洗臉。

**用途**

改善輕度燒燙傷、暗瘡、皮膚炎，美容保濕。

**注意事項**

使用前，建議在小區域進行皮膚測試，確保皮膚沒有過敏反應。如果出現任何不適，請停止使用並尋求醫療協助。

## 趣味小故事

一朋友陰癢數日，奇癢難忍，黃帶如膿，氣味腥臭，心煩難寐，坐立不安，想避免服用抗生素，於是致電給筆者。筆者在聽到她所描述的徵狀後建議她試一試用蘆薈：切新鮮蘆薈葉一寸，取其凝膠，塗在外陰或陰道，每 1-2 小時就塗 1 次。由於蘆薈膠氧化，內褲會變成紫色，而且又黏又滑，塗在陰部略有不爽，但過十幾分鐘乾了便會變好。她到街市買到蘆薈，根據筆者教的方法使用，在塗完蘆薈凝膠半天後就不癢了，於是高興地向筆者報告，並詢問是否需要繼續療程，筆者建議她最少再塗 2 日，於是在繼續療程的 2 日後她已完全康復了。

在大半年後，朋友陰癢復發，決定依照上次的經驗處理，使用了家中的一盒預先包裝的 100% 蘆薈膠自行塗抹，卻沒想到令陰部受到很大刺激，須馬上用清水沖洗乾淨，最後還是用新鮮蘆薈塗抹才康復。由此可見，預先包裝的 100% 蘆薈膠雖然方便，但並非純天然，為了保存需添加防腐劑等化合物。新鮮蘆薈不含刺激性物質，可用於傷口，陰道等敏感部位，其殺菌、抗氧化的效果亦會更明顯。所以新鮮蘆薈汁液在經過氧化後會便成紫紅色，實屬自然現象。

主見陰部乾澀，分泌物少，因為陰液虧虛未能滋潤陰部，皮膚乾燥而導致的陰癢，用鮮蘆薈緩解同樣有效。鮮蘆薈除了可以殺蟲止癢，還含有保濕成分，同時合用養陰潤燥的內服處方，效果會更好。

# 種植難度：

**別名：**
三葉五加、白簕花、鵝掌簕

**植物來源：**
五加科　白簕
*Eleutherococcus trifoliatus* (L.) S. Y. Hu

## 簡介

簕菜是五加科中重要的藥用植物，在民間常被用於泡酒、煮湯、外敷、治療感冒發燒、風濕疼痛及發炎的症狀。

簕菜為攀援狀灌木。葉柄有刺或無刺，無毛;小葉片紙質，邊緣有細鋸齒或鈍齒；花黃綠色；花瓣於開花時反曲；果實扁球形，成熟時黑色。

**傳統功效：**
簕菜以根皮（三加皮）、嫩枝葉（白簕枝葉）入藥，兩者均有清熱解毒，活血消腫的功效。用於治療感冒發熱，咳嗽胸痛，痢疾，風濕痹痛，跌打損傷，蛇蟲咬傷。

# 動手種植

**種植難度：★★★**

**栽培條件：**

**壤土：**宜使用濕潤、鬆軟、排水性良好、肥沃的砂土。
**陽光：**喜溫暖，宜光照時長 4 小時以上為佳。
**水分：**喜濕，宜每週澆水 2 次，保持壤土濕潤。
**施肥：**宜每 2-3 週施肥 1 次，建議使用含氮量稍高的肥料。

**種植時長：**

種植約 1 年後採收嫩枝葉作為食用。

**種植季節：**春季

**種植方法：**種子繁殖

**栽培介質：**泥炭土 / 椰土、珍珠石

**適宜擺放：**客廳、陽台、花園

# 採收加工

**嫩枝葉**

- 全年均可採摘。
- 鮮用或曬乾。

**根皮**

- 於 9-10 月挖取。
- 鮮用，或趁鮮時除去根皮，曬乾。

採收的嫩簕菜以嫩梢未木質化、用手折不帶絲，全株刺疏且葉片大為宜；長度一般控制在 10 至 20 厘米之間。

採收不要過度，要保持植株有足夠的側芽，以保證能連續採收。

# 隨手用

## 簕菜鯽魚湯

（圖片來源：李勁新）

**材料**

鮮白簕枝葉 20 克　　鯽魚 1 條
薑、油各適量

**製法**

1. 將白簕枝葉和鯽魚洗乾淨，薑切片。
2. 鍋中放油燒熱，加入薑片及鯽魚，小火煎鯽魚兩面金黃後，加水大火燒開，改中火煲 10 分鐘。
3. 湯變白後，放入白簕枝葉，小火煮 15 分鐘，調味即成。

**用法**

適合脾胃虛弱者服用，1 星期服 2 次。

**用途**

益氣健脾，祛濕利水，清熱解毒。

**注意事項**

孕婦慎服。

## 三加皮豬肉燉湯

**材料**

鮮三加皮 30 克　　豬肉 400 克

**製法**

1. 將鮮三加皮及豬肉洗淨，豬肉切件，汆水後洗淨瀝乾備用。
2. 把材料放入煲中，慢火煲 1 小時即成。

**用法**

皮膚紅腫起疹時可使用，連續使用 10 多天。

**用途**

清熱解毒，除濕止癢，舒緩濕疹症狀。

**注意事項**

孕婦慎服。

## 白簕金銀花茶

**材料**

白簕枝葉、金銀花各 5 克

**製法**

將白簕枝葉及金銀花洗淨後浸 20 分鐘，水滾後放入，中火煮約 15 分鐘即可飲用。

**用法**

每日 1 次，每次 1 杯，連服 1 星期。

**用途**

清熱解毒，舒緩感冒發熱及喉嚨腫痛症狀。

**注意事項**

孕婦慎服。

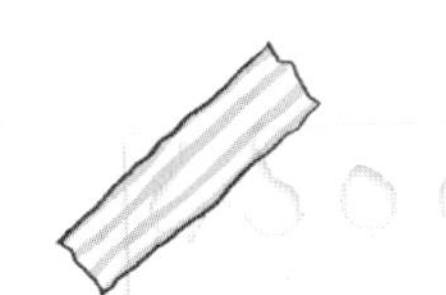

## 趣味小故事

簕菜有十分多的用途，除藥用外，簕菜在客家文化中也擔任重要的角色，家喻户曉的客家擂茶就是以野生簕菜為其中一種材料所製成的特色食品。

客家擂茶的歷史十分悠久，在南宋《玉林詩話》中記載：「道旁草屋兩三家，見客擂麻旋點茶。」詩人正正提及江南上喝客家擂茶的客家人十分多，所以可見客家擂茶的文化十分普及，而現今亦有人稱客家擂茶為「中國茶文化的活化石」之一。客家人經常拿擂茶來招待客人，所以又分為油茶和鹹茶，凸顯了客家人熱情好客之道。

# 26 仙人掌

**別名：**
鳳尾簕、龍舌、老鴉舌

**植物來源：**
仙人掌科　仙人掌
*Opuntia dillenii* (Ker Gawl.) Haw.

## 簡介

仙人掌是一種原產自乾旱沙漠地區的植物。為了適應環境，葉片退化成針刺狀，其表面的蠟質層能減少水分的蒸發；莖部變得肥大以儲藏水分和營養，對抗烈日和乾旱，是一種生命力頑強的植物。

仙人掌為多年生肉質植物。莖節扁平，倒卵形至長圓形；其上散生小窠，每一窠上簇生數條針刺和多數倒生短刺毛；花單生或數朵聚生於莖節頂部邊緣，鮮黃色。

**傳統功效：**
仙人掌以根及莖入藥，有行氣活血，解毒消腫，涼血止血的功效。
用於胃痛，痞塊，痢疾，喉痛，肺熱咳嗽，肺癆咯血，吐血，痔血，瘡瘍疔癤，蛇蟲咬傷，燙傷，凍傷。

## 動手種植

**種植難度：** ★★★

**栽培條件：**
**壤土：** 宜使用鬆軟、透氣性、排水性良好的砂質壤土。
**陽光：** 喜光，日照 6 小時以上為佳。
**水分：** 宜 3 週澆水 1 次。
**施肥：** 在生長季節（即春季，夏季和秋季），建議每個月使用液體肥料。

**種植時長：**
種植約 1 年後採收莖部。

**種植季節：** 春季、夏季
**種植方法：** 扦插繁殖
**栽培介質：** 泥炭土 / 椰土、珍珠石、陶粒
**適宜擺放：** 房間、辦公室、客廳、陽台、花園

## 採收加工

仙人掌可隨用隨採，但烹調前必須經過適當處理，步驟如下：
1. 帶上手套，用刀把仙人掌上的小刺及硬邊削去，並用清水洗淨。
2. 再將仙人掌切片，放到水裏煮，以去掉仙人掌本身的酸澀味道。
3. 處理好後，才可開始烹調仙人掌。

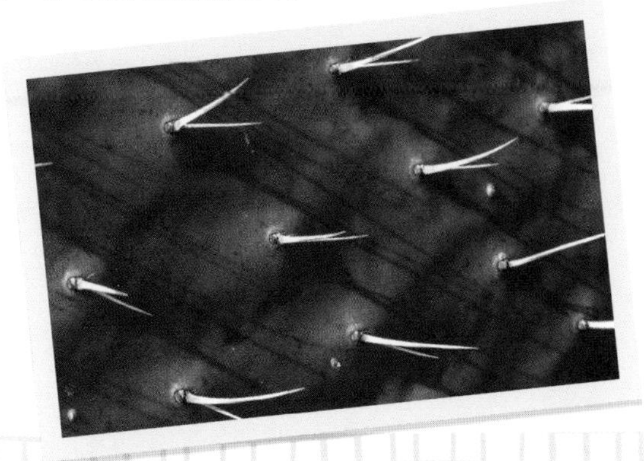

內服

## 仙人掌醬

**材料**

仙人掌汁 100 毫升　　糖 70 克

**製法**

把仙人掌汁倒入鍋中，加熱攪拌成漿狀，再加入糖，用文火加熱不停攪拌至糊狀。

**用法**

作為肉類沾醬使用。

**用途**

促進食慾，舒緩消化不良及食慾不振。

**注意事項**

孕婦或脾胃虛寒、久瀉便溏者應慎用。

## 炒牛肉仙人掌

**材料**

仙人掌 30 克　　牛肉 60 克
薑片、鹽各適量

**製法**

1. 將牛肉及仙人掌洗淨。
2. 將仙人掌和牛肉炒熟，放入鹽和薑片調味即成。

**用法**

胃痛時炒服。

**用途**

緩解胃痛。

**注意事項**

孕婦或脾胃虛寒、久瀉便溏者應慎用。

## 仙人掌蜂蜜飲

**材料**

鮮仙人掌 15 克　　　蜂蜜 1 勺

**製法**

取鮮仙人掌並加入蜂蜜，用 200 毫升溫水沖服。

**用法**

每日 1 次，連服 1 週。

**用途**

舒緩咳嗽症狀，活血解毒。

**注意事項**

孕婦或脾胃虛寒、久瀉便溏者應慎用。

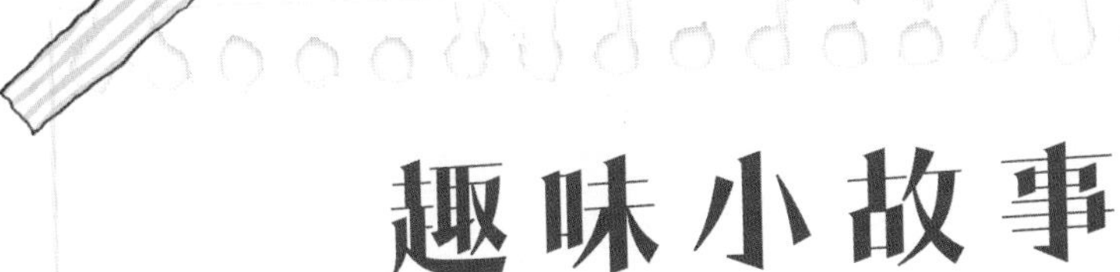

## 趣味小故事

仙人掌是生命力強大的植物，但通常被認為是沒有花朵的植物。事實上，大多數仙人掌都能開花。它的花朵通常生長在仙人掌的刺座上面，顏色非常鮮艷多彩，而且形狀獨特，但花期通常很短暫。由於墨西哥位於熱帶和亞熱帶地區，有着高溫和乾燥的氣候，這對仙人掌的生存非常適合，故當地有大約 1,000 種仙人掌的種類。仙人掌具有出色的耐旱能力，它能夠在缺水的環境中存活，並且能夠有效地利用有限的水資源。而且，墨西哥大部分地區陽光充足，日照時間長。對仙人掌提供收充足的陽光，有助於它進行光合作用和營養合成過程。所以，以上的因素令仙人掌能夠在墨西哥的多個地區中茁壯成長，並形成豐富多樣的仙人掌群落。

在墨西哥仙人掌被視為神聖的植物，亦把仙人掌作當地的國花。例如，在墨西哥的阿茲特克文化中，仙人掌是被認為神聖的象徵，因為人們相信仙人掌具有保護的能力，所以被用於祭祀和宗教儀式。仙人掌在墨西哥的飲食中佔有重要地位。例如，仙人掌的嫩莖被用來準備各種傳統菜餚，如墨西哥凍仙人掌沙拉（Ensalada de Nopal）和炒仙人掌（Nopales a la Mexicana）。

**別名：**
朝天椒、小米椒、大椒

**植物來源：**
茄科　辣椒
*Capsicum annuum* L.

## 簡介

辣椒原產於墨西哥及南美洲，證實了 6,000 年前就已經存在辣椒。現時辣椒已傳播到亞洲、非洲、東歐等地，逐漸栽培了不同類型品種的辣椒。

辣椒為一年生或多年生草本。單葉互生；葉片長圓狀卵形、卵形或卵狀披針形；花單生，俯垂；花萼杯狀；花冠白色；果實長指狀，先端漸尖且常彎曲，未成熟時綠色，成熟後呈紅色，橙色或紫紅色。

**傳統功效：**
辣椒以果實及葉入藥。

**果實（辣椒）：**
有溫中散寒，下氣消食的功效，用於胃寒氣滯，脘腹脹痛，嘔吐，瀉痢，風濕痛，凍瘡。

**葉（辣椒葉）：**
有消腫活絡，殺蟲止癢的功效。用於水腫，頑癬，疥瘡，凍瘡，癰腫。

## 動手種植

**種植難度：**★★★

**栽培條件：**

**壤土：**宜使用肥沃、排水性良好、肥沃的砂質壤土或黏質壤土。

**陽光：**喜光，宜長時間日照，每日光照 6 小時以上為佳，避免直接曝曬。

**水分：**喜濕，忌積水，每週灌溉 2 次，保持壤土濕潤和及時排水。

**施肥：**在幼苗期，要少施肥。在花期，要適量增加施肥量。 在盛果期，使用含氮磷鉀的混合肥料適量施肥。

**種植時長：**

種植約半年後採收果實。

**種植季節：**春季、秋季

**種植方法：**種子繁殖

**栽培介質：**泥炭土、椰土、珍珠石

**適宜擺放：**房間、辦公室、客廳、陽台、花園

**注意事項：** 不宜與茄科植物連作

## 採收加工

- 青辣椒一般以果實充分肥大，皮色轉濃，果皮堅實而有光澤時採收。
- 乾椒可待果實成熟時採收，並放置在陰涼且有陽光的位置曬乾；可加工成乾製品。
- 可加工成醃辣椒、青辣椒醬等。

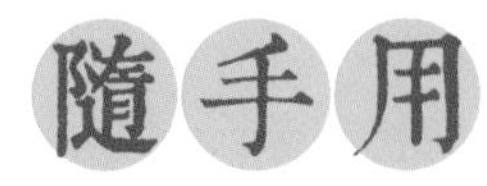

# 青辣椒醬

**材料**

青辣椒適量
蒜頭適量
薑 3-4 片
植物油 150 毫升
鹽 1.5 茶匙
醬油 1 茶匙
糖 1/2 茶匙

**製法**

1. 將適量青辣椒洗淨去蒂，然後晾乾。
2. 將乾辣椒及適量蒜頭、薑切碎備用。
3. 鍋預熱好，倒入植物油，中火加熱。
4. 加入乾辣椒、蒜頭及薑，中火翻炒 2-3 分鐘。
5. 加入調味料（鹽、醬油、糖）混合均勻，翻炒 1 分鐘即可。
6. 裝入已用沸水清洗並晾乾的玻璃瓶中，待完全冷卻後放冰箱冷藏保存備用。

**用法**

作調味料使用。

**用途**

溫中散寒，開胃醒神。

# 辣椒葉瘦肉湯

**材料**

鮮辣椒葉適量
薑 2 片
瘦肉 200 克
鹽適量

**製法**

1. 將適量辣椒葉及洗淨，薑及瘦肉切片。
2. 煮沸清水，放入薑、肉片和辣椒葉，煮 30 分鐘。
3. 下鹽調味即可食用。

**用法**

脾胃虛寒者，建議每 2 星期服用 1 次。

**用途**

驅寒溫胃，除濕健脾。

## 蒜蓉炒辣椒葉

### 材料
鮮辣椒葉 30 克　蒜頭、油、鹽各適量

### 製法
1. 將辣椒葉洗淨，適量蒜頭切碎。
2. 鍋中放油燒熱，加入蒜頭及辣椒葉，並大火翻炒。
3. 下鹽調味即可食用。

### 用法
建議每 2 星期服用 1 次。

### 用途
增強免疫力，降膽固醇。

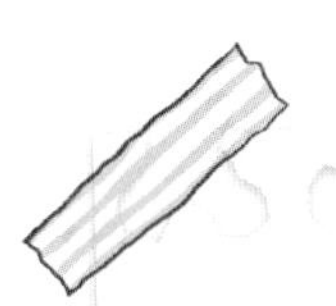

## 趣味小故事

辣椒的原產地是中南美洲，主要是在墨西哥和秘魯地區。辣椒在這些地區已經有數千年的種植歷史，最早被當地的古代文明使用。辣椒傳播到其他地區，成為世界各地廣泛種植和使用的辛辣調味品。現在在世界各地有着不同的辣椒品種和辣度等級，為了衡量辣椒的辛辣程度，人們使用了一種稱為「史高維爾辣度單位」（Scoville Heat Units，簡稱 SHU）的尺度，通過測試辣椒提取物的稀釋程度來確定辣度。辣椒的 SHU 數字越高，代表它的辣度越強烈。以下是辣椒品種辣度指數比較：

比哈伯拉辣椒（Bhut Jolokia，又稱鬼椒）：原產於印度東北部的阿薩姆邦，曾經被列為全球最辣的辣椒，辣度約在 800,000 至 1,041,427 SHU 之間。

卡羅萊納重椒（Carolina Reaper）：由美國辣椒培育家培育出來的，於 2013 年被宣布為全球最辣的辣椒。它的辣度平均在 1,500,000 至 2,200,000 SHU 之間。

普拉圖．納加．朱拉辣椒（Plutonium No. 9 Pepper）：由美國辣椒培育家培育的超辣辣椒品種，其辣度高達 9,000,000 SHU。這個辣椒的辣度非常極端，只有極少數人能夠承受它的辣味。

南亞許多熱帶國家都以辣味為其食物的基調，而在天氣較寒冷的國家如韓國，辣椒則是做為醃製食物的材料，日本將辣椒作為食物的沾料，較為著名的七味唐辛子就是其中一種。

科學研究表明，辣椒中具有修補細胞與驅除風寒的效果，在治療神經痛與風濕性疾病上也被加入到藥物中。而且，辣椒葉比辣椒的食用價值高，能暖胃消食、補肝明目，關鍵是能減肥。

**別名：**
山柰、三柰、三賴

**植物來源：**
薑科　山柰
*Kaempferia galanga* L.

## 簡介

沙薑與薑雖然都是薑科的植物，兩者的植物形態、口感和味道都非常不同，但都有溫中止痛的功效，特別適合冬天使用。

沙薑為多年生草本。根莖塊狀，淡綠或綠白色，芳香；葉近圓形，無毛或下面疏被長柔毛，花白色，基部有紫斑，有香味。

**傳統功效：**
沙薑以根莖入藥，有行氣溫中，消食，止痛的功效。用於胸膈脹滿，脘腹冷痛，飲食不消。

## 動手種植

**種植難度：**★★★

**栽培條件：**

**壤土：**宜使用鬆軟、透氣性、排水性良好、富含腐殖質的砂土。
**陽光：**喜光，光照時長 4 小時以上為佳。
**水分：**宜每週澆水 1 次。
**施肥：**宜每 7 日施肥 1 次，建議使用氮鉀肥。

**種植時長：**
種植約 7-10 個月後採收根莖。

**種植季節：**春季

**種植方法：**種子繁殖

**栽培介質：**泥炭土、珍珠石

**適宜擺放：**陽台、花園

## 採收加工

每年 12 月至翌年 3 月採收根莖。將根莖去除泥沙及鬚根，曬乾。

# 隨手用

## 沙薑醬

**材料**

沙薑 4-5 顆　　　薑、蒜、鹽各適量

**製法**

1. 將沙薑、薑和蒜，洗淨剁成顆粒。
2. 熱鍋下油，把所有材料爆香，加適量鹽調味，即可食用。

**用法**

食慾不振時，可拌飯或拌麪。

**用途**

健脾開胃。

**注意事項**

陰虛血虧及胃有鬱火者禁用。

## 蒜蓉炒沙薑葉

**材料**

鮮沙薑嫩葉 30 克　　蒜蓉適量

**製法**

將沙薑嫩葉洗淨，加入適量蒜蓉炒製，調味即成。

**用法**

脘腹冷痛時服用，每日 1 次，服用 3 日。

**用途**

養胃健脾，改善寒濕。

**注意事項**

陰虛血虧及胃有鬱火者禁用。

## 沙薑山藥

**材料**

山藥 2 條　　　沙薑適量

豉油、鹽、麻油各適量

**製法**

1. 把山藥去皮洗淨，斜切，用大火蒸 15 分鐘。
2. 沙薑切碎，開鍋下油，加入沙薑爆炒，再加入適量豉油、鹽、麻油調味，製成沙薑醬汁。
3. 在山藥上淋上沙薑醬汁即可。

**用法**

用於食慾不振，每日 1 次，服用 2 日。

**用途**

健脾開胃，增進食慾。

**注意事項**

- 陰虛血虧及胃有鬱火者禁用。
- 皮膚觸碰到山藥可能會引起皮膚不適，建議戴上手套並盡量減少接觸。

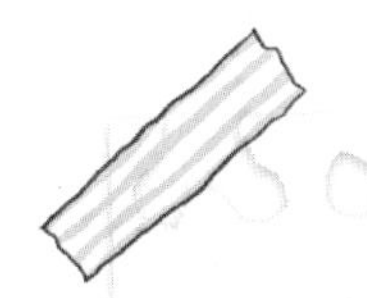

## 趣味小故事

沙薑喜歡生長於亞熱帶環境，所以盛產於廣東、台灣、廣西、雲南和海南地區。沙薑的大小相比其他薑比較細，而且切面是粉狀的純白色；沙薑的味道較溫和，所以大多可作調味料配合肉類烹調。不過一提到沙薑，不知道大家有沒有聯想到沙薑雞？

沙薑雞是其中一道十分有名而且富有特色的粵菜，平時到酒家、燒臘店、茶餐廳都經常在菜單上看到沙薑雞這道菜，吃過後都會覺得沙薑和白切雞的配搭所帶出的昀味道無可挑剔。品嘗過沙薑雞都知道味道不錯，雞肉鮮美細嫩，油而不膩。兩廣的沙薑雞做法也不一樣，大家亦不妨試做一下！

**別名：**
金釵花、千年潤、粉花石斛

**植物來源：**
蘭科
*Dendrobium spp.*

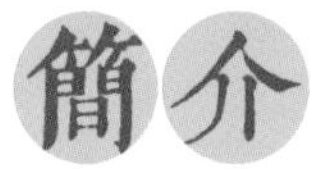


石斛是一種漂亮的蘭科植物，品種繁多，各有不同的獨特形態及顏色，得到不少園藝愛好者的喜愛，而部分石斛更能入藥，有清熱滋陰的功效。而在香港，美花石斛和金釵石斛便是最常見的入藥觀賞兩用品種。

石斛為多年生附生草本。莖直立叢生，稍扁圓柱形，黃綠色，具多節；金釵石斛花大，下垂，白色，上部帶淡紫色，有時全體淡紫紅色，唇盤中央具 1 顆紫紅色大斑塊；美花石斛花白色或紫紅色，每束 1-2 朵側生於具葉的老莖上部，唇瓣上方中央金黃色，周邊淡紫紅色。

金釵石斛

美花石斛

**傳統功效：**
不同品種的石斛均能入藥，入藥部位為莖及花。

**莖（石斛）**：有益胃生津，滋陰清熱的功效。用於熱病傷津，口乾煩渴，胃陰不足，食少乾嘔，肺燥乾咳，病後虛熱不退，陰虛火旺，目暗不明，筋骨痿軟。

**花（石斛花）**：有清熱解毒，滋陰潤肺，養胃生津，明目的功效。用於目赤腫痛，口舌生瘡，咽喉腫痛等。

## 動手種植

種植難度：★★★

**栽培條件：**

**壤土：**宜使用水苔、泥炭蘚、樹皮塊、木炭塊等輕型、排水好、透氣的介質栽培。

**陽光：**喜陰，宜短時間日照，3-6 小時為佳，忌強光直射避免直接曝曬。

**水分：**喜濕，忌積水，宜每週灌溉 1-2 次，保持壤土濕潤。

**施肥：**春季時，宜每兩週使用 1 次以含氮量稍高的肥料；夏季時，宜改用含等量氮、磷、鉀的肥料；秋季時，宜改用含磷量較高的肥料。

**種植時長：**

種植約 2-3 年後採收莖部。

**種植季節：**春季

**種植方法：**分株繁殖

**栽培介質：**椰土、水苔

**適宜擺放：**房間、辦公室、客廳、陽台

## 採收加工

- 全年均可採收莖。
- 鮮用：除去鬚根及雜質。
- 乾品：除去鬚根洗淨，搓去薄膜葉狀鞘，曬乾或烘乾。

# 隨手用

## 石斛西洋參燉雞湯

**材料**

鮮石斛花 10 克　西洋參 20 克
枸杞子 5 克　鮮雞半隻

**製法**

1. 將鮮石斛花、西洋參、枸杞子及鮮雞分別洗淨，石斛花、西洋參以清水浸泡約 20 分鐘；鮮雞切件汆水。
2. 將所有材料放入燉盅，加適量水，蓋上燉盅蓋。
3. 鍋中加入約 2 升水，放入燉盅，加蓋以大火煮滾後，轉小火燉 1-2 小時，調味即成。

**用法**

適合秋冬季作為日常食療。

**用途**

生津養胃，潤肺益腎，補氣養陰。

**注意事項**

濕溫病未化燥者、脾胃虛寒者慎服。

## 石斛茉莉花茶

**材料**

鮮石斛莖、茉莉花各 5 克

**製法**

將鮮石斛莖和茉莉花洗淨後浸 20 分鐘，水滾後放入，中火煮約 15 分鐘即可飲用。

**用法**

每日服用 1 次，每次 1 杯，持續 1 星期。

**用途**

養陰潤肺，理氣開鬱。

**注意事項**

濕溫病未化燥者、脾胃虛寒者慎服。

外用

## 石斛面膜

**材料**

鮮石斛莖適量　　蜂蜜或蛋清或青瓜汁適量

**製法**

1. 將適量鮮石斛莖洗淨後切成短段，用榨汁機取汁，加入蜂蜜或蛋清或青瓜汁。
2. 將汁液以已消毒的密封容器裝起來，放於雪櫃保存。

**用法**

取適量的石斛汁直接塗在臉、脖子、手背上，或以石斛汁浸濕面膜紙或化妝棉敷於面上，15 分鐘後使用清水沖洗乾淨 。建議每日使用 1 次。

**用途**

養護肌膚，減少黑色素形成。

**注意事項**

使用前，建議在小區域進行皮膚測試，確保皮膚沒有過敏反應。如果出現任何不適，請停止使用並尋求醫療協助。

## 趣味小故事

在中國，鐵皮石斛被人們稱為「九大仙草」之首，在古代被視為一種珍貴的藥材，被廣泛用於中醫藥學中。而在西方，它則被稱為「父親之花」，代表着親愛的和歡迎的意思。

石斛不僅在中國古代文獻中被廣泛提到，石斛最為著名的還是其在中醫藥學中的應用。據《神農本草經》中記載，石斛補五臟虛勞羸瘦，強陰，久服厚腸胃，輕身延，是一種清熱生津、滋陰潤燥的藥材，所以常被用於治療與虛熱相關的病症，如口乾舌燥、咽喉痛、口腔潰瘍、肝腎陰虛、腰膝酸軟等症狀。因為鐵皮石斛具有較高的藥用價值，所以在 2020 年鐵皮石斛被列入「藥食同源」的名單中作保健食品的原料。

石斛在中醫藥學中的應用已有數千年的歷史，並在現代得到了科學的驗證。現代藥理研究表明，石斛含有多種微量元素，有抗氧化作用、抗衰老、改善肝功能、抗發炎作用。

除了在中醫藥學中的應用之外，石斛在園藝上也是一種非常受歡迎的觀賞植物，如蝴蝶石斛、流蘇石斛等、其外觀優雅和氣味芳香，所以常被廣泛用於花壇和盆栽中，以增添生活的美好和愉悅。

總之，石斛作為中醫藥學中的珍貴藥材和園藝中的觀賞植物，擁有着廣泛的應用價值和深厚的文化底蘊。它的美麗花朵和顯著功效，將繼續為人們帶來美好和健康。

**別名：**
金銀花、雙花、金銀藤

**植物來源：**
忍冬科　忍冬
*Lonicera japonica* Thunb.

## 簡介

「忍冬」之名，因其能夠忍耐寒冷的天氣而得。忍冬是一種觀賞藥用皆全的植物，它的莖枝在冬天也不會凋謝；而它的花剛開時白色，2-3天後會轉為黃色，所以又稱之為「金銀花」。忍冬全株芳香馥鬱，可入藥治感冒等症，亦能給人清新雅緻的感覺，是一種可以療養身心的植物。

忍冬為多年生半常綠纏繞木質藤本。幼枝密被短柔毛；葉柄、葉片兩面均被短柔毛；花初開時為白色，2-3天後變金黃色；果實球形，成熟時藍黑色，有光澤。

**傳統功效：**
忍冬以花蕾和莖枝入藥。

**花蕾（金銀花）：**
有清熱解毒，疏散風熱的功效；用於癰腫疔瘡，喉痹，丹毒，風熱感冒，溫病發熱。

**莖枝（忍冬藤）：**
有清熱解毒，疏風通絡的功效；用於溫病發熱，熱毒血痢，癰腫瘡瘍，風濕熱痹，關節紅腫熱痛。

# 動手種植

**種植難度：★★★**

**栽培條件：**

**壤土：** 宜使用土層深厚、疏鬆肥沃、鹼性，及排水良好的砂質壤土。

**陽光：** 喜陰陽，宜短時間半日照，3-6 小時為佳，避免直接曝曬。

**水分：** 忌積水，宜每週灌溉 1 次，保持壤土濕潤。在開花期間，宜增加每週灌溉次數。

**施肥：** 生長期間宜每週以含等量氮、磷和鉀的肥料施肥 2-3 次。開花期宜以含磷量略高的肥料每週施肥 1-2 次。

**種植時長：**

種植約 2 年後採收花蕾。

**種植季節：** 春季

**種植方法：** 種子繁殖

**栽培介質：** 泥炭土、珍珠石

**適宜擺放：** 花園（可配籬笆）

# 採收加工

於 5 月及 6 月中、下旬採收，最適宜的採收標準是：「花蕾是由綠色變白，上白下綠，上部膨脹，尚未開放時」。採收後立刻晾乾或烘乾。

在採收花蕾時使用的盛具必須是通風透氣的，要做到輕摘，輕握，輕放。

# 隨手用

內服

## 三香茶

**材料**

金銀花、菊花、茉莉花各 5 克
蜂蜜適量

**製法**

1. 將金銀花、菊花及茉莉花洗淨。
2. 用沸水沖泡，加蓋焗 3-5 分鐘即成。可加入蜂蜜，趁熱服用。

**用法**

建議在食用火鍋或燒烤後飲用。

**用途**

清熱解毒，有助於改善頭痛、口渴和喉嚨痛等問題。

**注意事項**

脾胃虛寒者慎服。

## 羅漢果金銀花茶

**材料**

金銀花 7 克　　羅漢果半個

**製法**

1. 將金銀花及羅漢果洗淨。
2. 在鍋中加水，煮滾後加入上述材料，再轉為小火煮 30 分鐘。

**用法**

建議在夏天時每週飲用 1-2 次。

**用途**

清熱解毒，化痰潤肺，利咽開聲，預防感冒及舒緩咽喉腫痛。

**注意事項**

脾胃虛寒者慎服。

外用

# 外浴忍冬湯

### 材料

鮮忍冬藤、菊花、蒲公英各 10 克

### 製法

1. 將忍冬藤、 菊花及蒲公英洗淨，放入鍋中以 1 公升的水浸泡 10 分鐘，煮沸後繼續煮大約 30 分鐘。
2. 過濾取出藥液，放涼至溫度約為 36 至 38°C 後，即可使用。

### 用法

將藥液以毛巾敷於患處，或泡浸患處，維持 10-15 分鐘，建議每日使用。

### 用途

清熱解毒，祛風止癢。改善皮膚瘙癢、紅腫、濕疹、蕁麻疹等病症。

### 注意事項

皮膚破損者忌用。

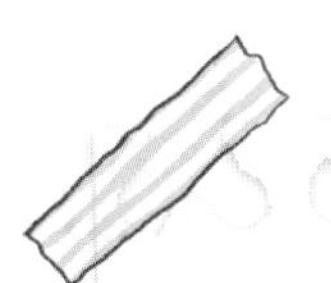

## 趣味小故事

忍冬為常用的藥用植物，它的不同部位皆可入藥，具有清熱解毒、清腸化濕和通絡等功效。金銀花露為忍冬花蕾的蒸餾液，日常可以將金銀花露當飲料飲用或外用在皮膚上，能治療紅腫熱痛的瘡癰腫毒。

據《御香縹緲錄》記載，慈禧太后對於美容和保養非常重視，特別是在她年輕時更加注重外貌。據説，她經常使用金銀花來保持皮膚的細膩和光澤。當時，慈禧太后發明了一種使用蒸餾方法提煉金銀花花液的方法。她通過將酒精、水和金銀花加熱，使其蒸發成水蒸氣，然後混合這三者得到花液。據説，慈禧太后每晚都會塗抹這種花液，以減少皺紋和延緩衰老。

儘管金銀花能治療紅腫熱痛的瘡癰腫毒具有顯著的療效，但它是一味苦寒的藥物，不宜長期大劑量使用。對於脾胃虛寒的人來説，可能需要謹慎使用或避免使用金銀花。

# 31 香茅

**別名：**
檸檬草、茅香、大風草

**植物來源：**
禾本科　香茅
*Cymbopogon citratus* (DC.) Stapf

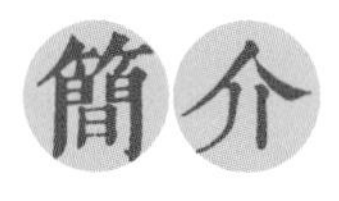

## 簡介

香茅原產於東南亞地區，莖葉中含有豐富具有檸檬香氣的香茅油，能作為天然的驅蚊劑，亦常作為烹調香料，用途非常廣泛。

香茅為多年生草本，有檸檬香味。葉兩面均呈灰白色而粗糙；佛焰苞披針形，狹窄，紅色或淡黃褐色；偽圓錐花序線形至長圓形，有柄小穗暗紫色。

**傳統功效：**
香茅以全草入藥，有祛風通絡，溫中止痛，止瀉的功效。用於感冒頭身疼痛，風寒濕痹，脘腹冷痛，泄瀉，跌打損傷。

# 動手種植

**種植難度：★★★**

**栽培條件：**

**壤土：**宜使用土層肥沃及排水良好的砂質壤土。
**陽光：**喜光，宜長時間日照，6 小時以上為佳，避免直接曝曬。
**水分：**喜濕，耐旱，忌積水，宜每週灌溉 2 次，保持壤土濕潤。
**施肥：**生長期間宜每 2-3 個月以含等量氮、磷和鉀的肥料施肥 1 次。

**種植時長：**
種植約半年後採收全草。

**種植季節：**春季

**種植方法：**分株繁殖

**栽培介質：**泥炭土、珍珠石

**適宜擺放：**客廳、陽台、花園

# 採收加工

採收香茅的次數可視乎使用香茅的目的而定：

**鮮食調料：**可根據需要隨時少量採收，亦可風乾後貯存備用。
**提取精油：**種植約 6-8 個月後進行第一次採收，一般每年可採割 2-3 次，2 年生以上割 4-5 次，可連續割 3-5 年。

採收時建議莖的高度為 5-20 厘米。
以晴天下午採收者，出油率較高。

# 隨手用

## 紅糖香茅薑茶

**材料**

薑 4 片
鮮香茅梗 2 條（乾品 1-2 條）
紅糖適量

**製法**

1. 將薑、香茅洗淨拍碎，加入鍋中。
2. 加入 500 毫升的水，以大火煮沸後約 15 分鐘。
3. 加入適量紅糖，調味即可飲用。

**用法**

建議在天氣轉涼時或下雨天時，趁熱服用 1-2 杯。

**注意事項**

懷孕期或哺乳期婦女忌服。

**用途**

溫中散寒，驅寒祛濕。

## 夏日沙冰

**材料**

| | |
|---|---|
| 檸檬 5 個 | 香茅梗 4 條 |
| 蜂蜜適量 | |

**製法**

1. 將檸檬擠出汁，備用。
2. 加入 1000 毫升水煮沸後，放入檸檬汁和香茅梗煮 15 分鐘，隔渣。
3. 放涼後，放入雪櫃至結冰。
4. 冰塊打成冰沙，淋上適量蜂蜜調味即成。

**用法**

建議在炎熱夏天時飲用。

**用途**

開胃解膩，消暑，增進食慾。

**注意事項**

懷孕期或哺乳期婦女忌服。

外用

# 防蚊噴霧

### 材料
鮮香茅適量

### 製法
1. 將香茅切碎加入水中。
2. 置於陰涼處擺放 1 晚，濾渣後即可使用。

### 用法
在戶外活動前，噴灑在皮膚上。

### 用途
驅蚊防蟲。

### 注意事項
- 有皮膚破損者不宜使用。
- 使用時避免誤入眼睛。

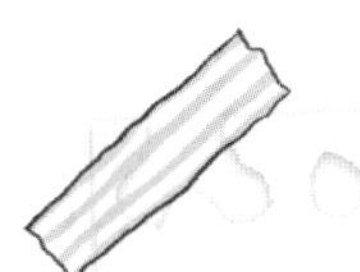

## 趣味小故事

香茅盛產於東南亞國家，是一種常見的草本植物，主要原產於亞洲和非洲熱帶地區。在亞洲，香茅主要分佈在印度、斯里蘭卡、泰國、印尼和馬來西亞等國家。在非洲，它主要生長在馬達加斯加、肯尼亞、坦桑尼亞和尼日利亞等地。直到現在，由於香茅獨特的芳香和藥用價值，香茅已經在世界各地廣泛種植，並成為許多國家的一種重要植物資源。當中香茅在以下兩個國家的名菜起着重要的調味作用：

泰國 -- 冬蔭功湯 (Tom Yum)：

在泰國，香茅是一種常見的調味料，被廣泛用於傳統泰國菜和湯品中，如世界上最著名的泰國菜之一的冬蔭功湯。香茅是製作冬蔭功湯的關鍵食材之一，它散發出檸檬味和微微辛辣的香氣，為菜餚增添獨特的風味。在泰國餐館、家常菜中常看到此菜餚的身影，從而成為泰國菜的代表。

印尼 -- 巴東 (Rendang)：

在印尼的亞齊料理中，香茅是一種常見的香料，被用於調味肉類和海鮮。例如，亞齊的傳統巴東菜中常使用香茅，它賦予了菜餚清新的檸檬香氣和微辣的味道。

# 32 桂花

**別名：**
木樨、銀桂、岩桂

**植物來源：**
木犀科　桂花
*Osmanthus fragrans* (Thunb.) Lour.

## 簡介

桂花有兩種，白色的為「銀桂」，為其正種；另一種是黃色桂花「丹桂」，為銀桂的亞種 *O. fragrans* var. *aurantiacus* Makino。盛開時，馥郁自來，香味令人陶醉，能做成各式佳餚亦可以入藥，非常適合種在家裏增添生活情趣。

桂花為常綠喬木或灌木。葉片革質，全緣或通常上半部具細鋸齒；花黃白色、淡黃色、黃色或橘紅色；果歪斜，橢圓形，呈紫黑色。

**傳統功效：**
桂花以花入藥，有溫肺化飲，散寒止痛的功效。用於痰飲咳喘，脘腹冷痛，經閉痛經，寒疝腹痛，牙痛，口臭。

# 動手種植

**種植難度：**★★★

**栽培條件：**

**壤土：** 宜使用土層肥沃及排水良好的微酸性壤土。

**陽光：** 喜光，宜長時間日照，6 小時以上為佳，避免直接曝曬。

**水分：** 喜濕，忌積水，春季宜 2-3 日灌溉 1 次；夏季宜每日灌溉 1 次，保持壤土濕潤和及時排水。

**施肥：** 在春季，夏季和冬季之前施肥 1 次，使用含氮量高的顆粒肥料或液體肥料。

**種植時長：**

種植約 1 年後採收花朵。

**種植季節：** 夏季

**種植方法：** 扦插繁殖

**栽培介質：** 泥炭土、珍珠石、陶粒

**適宜擺放：** 花園

# 採收加工

於 9-10 月開花時採收，除去雜質，鮮用或陰乾。

**Tips**

- 桂花花期只有約 1 星期。建議早上採收，此時的花朵最為新鮮。
- 採收桂花時，不能直接從樹上摘下來。應先將帶有花朵的枝條剪下，然後再採摘。

# 隨手用

## 桂花酒

**材料**

鮮桂花 200 克　冰糖 200 克
大棗、龍眼肉各適量
米酒 2000 毫升

**製法**

1. 將鮮桂花過篩，去除花梗挑選乾淨並陰乾 1 日。
2. 將桂花、大棗、龍眼肉及冰糖放入密封罐內任其發酵 2-3 日，加入米酒。
3. 密封窖藏 3 個月後，即可開啟飲用。

**用法**

建議在飯後飲用，每次飲用量不宜超過 200 毫升。

**用途**

開胃醒神，健脾補虛，疏肝解鬱。

**注意事項**

桂花辛溫，體質偏熱，火熱內盛者慎服。

## 枸杞桂花糕

**材料**

桂花 10 克　枸杞子 50 克
冰糖 50 克　魚膠粉 30 克

**製法**

1. 將適量杞子用清水泡 15 分鐘。
2. 用約 500 毫升熱水浸泡桂花約 30 分鐘，濾出桂花後加入冰糖及杞子，開小火煮至略沸騰。
3. 用適量清水將魚膠粉溶化，連同適量桂花加入溶液中，攪拌均勻後關火。
4. 倒入模具，放入雪櫃至凝固即可食用。

**用法**

當作日常糕點食用。

**用途**

生津健胃，疏肝理氣。

## 桂花蜜

**材料**

桂花 10 克　　冰糖 120 克
蜂蜜適量

**製法**

1. 將熱水 150 毫升與冰糖煮至微濃稠。
2. 放置稍微冷卻後加入桂花和蜂蜜，攪拌均勻，即成。

**用法**

建議在秋冬時用溫水沖服。

**用途**

潤肺止咳，改善消化。

**注意事項**

高血糖等人士慎服。

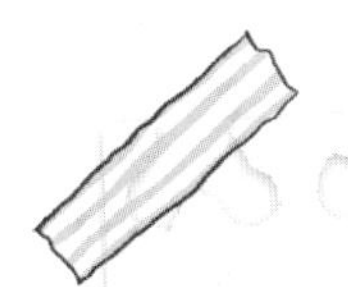

## 趣味小故事

傳說在唐朝時期的一個中秋之夜，嫦娥離開廣寒宮，來到了杭州西湖，與手擊桂樹的吳剛合奏，他們的音樂聲傳遍了整個西湖，吸引眾人圍觀。為了紀念這次合奏，嫦娥把她的桂花髮簪送給吳剛，吳剛被桂花的芬芳所吸引，決定將這棵桂花種在靈隱寺的山上，希望它能長成一棵美麗的桂樹。

次年中秋，靈隱寺的山上長滿了桂花，桂花的香氣擴散至整個西湖，杭州的人們紛紛前來觀賞，沉浸在桂花的芬芳中。杭州的人們為了表達對嫦娥和吳剛的感激之情，用鮮嫩的栗子和清甜的桂花創造了一道獨特的美食——桂花鮮栗羹。這道菜色彩絢麗，口感醇厚，每年中秋節，人們都會聚集在一起品嘗這道美食，慶祝豐收和吉祥。

桂花鮮栗羹不僅成為了杭州市的驕傲，也吸引著來自世界各地的遊客遠道而來，一嘗這道傳承千年的美味，成為了代表杭州獨特風味和悠久歷史的象徵。

**別名：**
盧桔、盧橘、金丸

**植物來源：**
薔薇科　枇杷
*Eriobotrya japonica* (Thunb.) Lindl.

## 簡介

枇杷的葉和果實都具有要用價值，能夠止咳潤肺，特別適合秋冬時食用。

枇杷為常綠小喬木。葉片正面光亮，多皺，背面密生灰棕色絨毛；葉緣上部有疏鋸齒；花瓣白色；果實球形或長圓形，黃色或橘黃色，外有鏽色柔毛。

**傳統功效：**
枇杷以葉和果實入藥。

**葉（枇杷葉）**：清肺止咳，降逆止嘔。用於肺熱咳嗽，氣逆喘急，胃熱嘔逆，煩熱口渴。

**果實（枇杷）**：潤肺下氣，止渴。用於肺熱咳喘，嘔逆，煩渴。

## 動手種植

**種植難度：**★★★

**栽培條件：**
**壤土：**宜使用疏鬆、排水和通氣良好的砂質壤土。
**陽光：**喜陽，宜每日光照時長 8 小時以上為佳。
**水分：**喜濕，忌積水，宜每週灌溉 1-2 次。
**施肥：**宜每 30 天施肥 1 次，建議使用氮磷鉀複合肥。

**種植時長：**
種植約 3-4 年後結果。

**種植季節：**冬季

**種植方法：**種子繁殖

**栽培介質：**泥炭土、珍珠石、塘泥

**適宜擺放：**花園

**注意事項：**建議在枇杷果實由青轉黃初期進行套袋，以減少農藥用量，同時令果實表面光滑。

## 採收加工

**葉：**全年均可採收，以夏季採收較多，曬乾。

**果實：**成熟果實是金黃色或橘色。因果實成熟期不一致，宜分次採收。

採摘果實時必須輕拿輕放，用手捏住果柄，小心剪下，避免擦掉表面茸毛，不能碰傷果實，以免產生褐變，影響外觀。

## 枇杷大棗粥

**材料**

枇杷 1-2 個　白米 100 克
大棗適量

**製法**

1. 將枇杷洗淨後去皮去核；白米預先用冷水浸泡 1 小時，隨後用隔器把水過濾掉。
2. 湯煲內加入 1000 毫升清水、白米及大棗，大火煮大約半小時後加入枇杷，改用小火煮 40 分鐘（煮的過程中需不時攪拌一下），即成。

**用法**

建議在秋夏天乾燥季節，或熱咳、黃痰者，每星期服用 1-2 次。

**用途**

清熱，化痰止咳，滋潤喉嚨。

**注意事項**

多食易生濕痰，脾虛者慎服。

## 冰糖枇杷

**材料**

枇杷 5 個　雪耳 2 個
枸杞子 10 克　冰糖 250 克

**製法**

1. 將枇杷洗淨後去皮去核。
2. 湯煲內加入 1000 毫升清水、冰糖，用大火煮 30 分鐘，即成。

**用法**

適用於咳嗽痰多，每日 1 次，連服 7 日。

**用途**

潤肺止咳。

**注意事項**

多食易生濕痰，脾虛者慎服。

## 枇杷葉淡竹葉茶

**材料**

鮮枇杷葉 30 克　　淡竹葉 15 克

**製法**

1. 將鮮枇杷葉去絨毛，去毛後與與淡竹葉一起洗淨，放入壺中，並加入熱水。
2. 浸泡 15 分鐘後即可服用。

**用法**

每日 1 次，連服 1 星期。

**用途**

清肺降氣，止咳化痰，改善聲音嘶啞。

**注意事項**

胃寒嘔吐、無實火者慎服。

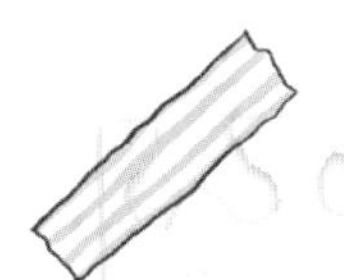

## 趣味小故事

枇杷原產於中國東南部，據説因其葉子形似琵琶而名。在中國，浙江杭州塘栖、蘇州東山、蘇州西山、福建莆田、黃山歙縣這五個地方被稱為「中國五大枇杷之鄉」。枇杷不但平日可當作水果，而且有很高的藥用價值，在《本草綱目》中提及：「枇杷能潤五臟，滋心肺」，具有止渴、潤肺止咳等功效。

枇杷為嶺南地區的常見水果，其花更是冬蜜的主要來源之一；蘇東坡的《惠州一絕》曾提及枇杷：「羅浮山下四時春，盧橘楊梅次第新。日啖荔枝三百顆，不辭長作嶺南人」。當中的盧橘便是指枇杷。

枇杷的用途十分廣泛，因其功效所以造就了一個藥方——川貝枇杷膏。川貝枇杷膏相傳是清代醫學家葉天士所發明。在清朝康熙年間，有一位縣長名叫楊謹，他因母親久咳積痰而四處拜訪名醫，希望能令母親痊癒。後來，他千里迢迢尋找赫赫有名的醫家葉天士回家為其母親治病，之後葉天士傳授楊謹秘方，楊謹讓母親按秘方所寫服用，用川貝、桔梗、枇杷葉等煉製而成川貝枇杷膏。最後楊謹母親康復了，人們亦把秘方流傳至今。

**別名：**
芸香、香草、小葉香

**植物來源：**
芸香科　芸香
*Ruta graveolens* L.

## 簡介

臭草是香港常見的植物，因其氣味濃烈而得名。臭草可用於烹飪和醫療用途，曾在中世紀被廣泛栽培，至今仍是許多園藝愛好者的熱門選擇。

臭草為多年生草本。全株光滑無毛，帶有獨特的臭味；葉羽狀深裂，灰綠或帶藍綠色，小裂片呈卵狀，全緣；花金黃色。

**傳統功效：**
臭草以全草入藥，有祛風清熱，活血散瘀，消腫解毒的功效。用於感冒發熱，小兒高熱驚風，跌打損傷，熱毒瘡瘍，痛經，閉經，小兒濕疹，蛇蟲咬傷。

# 動手種植

**種植難度：**★★★

**栽培條件：**

**壤土：** 宜使用土層深厚、疏鬆肥沃、鹼性及排水良好的砂質壤土。

**陽光：** 喜光，宜長時間日照，6 小時以上為佳。氣溫 30° C 或以上宜適當遮蔭，以免灼傷。

**水分：** 耐旱，忌積水，宜每週灌溉 1-2 次，保持壤土濕潤。

**施肥：** 宜每月或個半月以含等量氮、磷和鉀的肥料施肥 1 次，避免在深秋和冬季施肥。

**種植時長：**

種植半年至 1 年後採收全草。

**種植季節：**夏季

**種植方法：**種子繁殖

**栽培介質：**泥炭土、珍珠石

**適宜擺放：**花園

# 採收加工

於 7-8 月採收全草，鮮用或曬乾。

接觸臭草後或會使皮膚紅腫或起泡，應避免在烈日下或植株濕潤時接觸，採摘時宜穿長袖衣物及戴上手套。

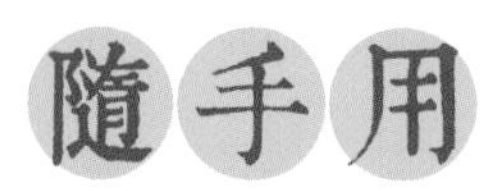

## 臭草降壓茶

**材料**

臭草 3 克　　菊花 2-3 朵

**製法**

1. 取臭草及菊花，加水適量，煮至沸騰後關火。
2. 濾渣後即可飲用。

**用法**

血壓變高期間每日飲用 1 杯，飲用 1 星期。

**用途**

舒緩高血壓。

**注意事項**

- 孕婦忌服。
- 每日服用份量不宜超過 9 克，亦不宜長時間持續服用，在血壓回復正常水平後應停止飲用。

## 臭草海帶綠豆沙

**材料**

綠豆 200 克　　鮮臭草 適量
海帶 8 克　　冰糖 適量

**製法**

1. 把綠豆洗淨，用水浸 1 小時或以上。
2. 海帶以水浸泡 30 分鐘至發脹變軟，清洗表面黏液後面瀝乾水分，切粗條備用。
3. 臭草浸泡 15 分鐘後洗淨，瀝乾水分，備用。
4. 用一深鍋，放入約 1 公升水煮沸。加綠豆和臭草，用大火再煮沸後，轉中小火煮 20 分鐘後加入海帶，再煮 30 分鐘煲至綠豆爆開。隨個人口味加適量冰糖，繼續煮至冰糖溶解。
5. 放涼後直接食用或放入雪櫃冷藏保存。

**用法**

在天氣炎熱，或感覺心煩氣躁、牙齦腫痛、體熱難受時食用。

**用途**

清熱，消暑，解毒。

**注意事項**

孕婦忌服。

## 天然驅蟲包

**材料**

鮮臭草適量

**用法**

將鮮臭草烘乾，折成小段，用布袋包裹，放在害蟲容易出沒的地方或放入衣櫥、書櫃深處。

**用途**

防止衣櫥、書櫃中出現害蟲。

**注意事項**

臭草有機會導致皮膚過敏，敏感體質人士慎用。

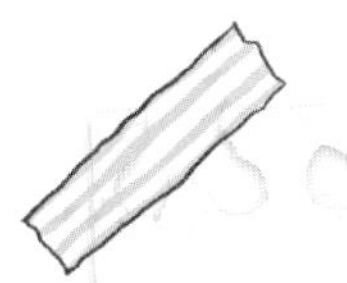

## 趣味小故事

在植物界中擁有特殊強烈氣味的植物很多，其中大多為芸香科及唇形科的植物，他們含有豐富揮發油及香味成分，故此不少品種都能作為香草使用，以提取香精或為食物調味。而當中以「芸香」為名的這種草藥有特殊氣味，有顯著的驅蟲功效，但由於此味道辛辣而帶有濃烈的植物青澀味，並不受到大眾喜愛，故此亦被稱為臭草。

芸香的生命力頑強，尤其適應嶺南地區溫暖潮濕的氣候，幾乎不會遭遇蟲害，成為路邊常見的野生草藥之一。廣東及廣西的人們更會在夏天使用芸香來製作涼茶或入饌，以消除暑熱。著名的芸香海帶綠豆沙便由此而生。

而在歐洲南部國家例如意大利，芸香獨特的青草氣味被視為能夠增添食物及酒類風味的獨特香草，而備受喜愛。芸香亦常常用於製作一種名為 *Grappa alla Ruta* 的意式白蘭地，以及具有藥用功效的利口酒。芸香是香還是臭，其實都取決於人們的觀感，它增添食物風味的能力及顯著的藥效是毋庸置疑的。下次若它出現在花圃四周，不妨時試試用欣賞的心態感受它的氣味吧！

**別名：**
桑樹、家桑、蠶桑
**植物來源：**
桑科　桑
*Morus alba* L.

## 簡介

桑是一種多用途的植物，它幾乎全身上下都可以當藥使用，其葉、枝、果、根皮均可入藥。桑常被視為勤勞的象徵，歷史非常悠久。

桑為落葉灌木或小喬木。樹皮黃褐色，常有條狀裂縫；葉片卵形至廣卵形，邊緣有粗鋸齒，表面鮮綠色，無毛，背面沿脈有疏毛；花黃綠色，與葉同時開放；果實初時綠色，成熟後變肉質，黑紫色或紅色。

**傳統功效：**
桑以葉、嫩枝、果穗及根皮入藥。

**葉（桑葉）**：有疏散風熱，清肺潤燥，清肝明目的功效。用於風熱感冒，肺熱燥咳，頭暈頭痛，目赤昏花。

**嫩枝（桑枝）**：有祛風濕，利關節的功效。用於風濕痹病，肩臂、關節酸痛麻木。

**果穗（桑椹）**：有滋陰補血，生津潤燥的功效。用於肝腎陰虛，眩暈耳鳴，心悸失眠，鬚髮早白，津傷口渴，內熱消渴，腸燥便秘。

**根皮（桑白皮）**：有瀉肺平喘，利水消腫的功效。用於肺熱咳喘，水腫脹滿尿少，面目肌膚浮腫。

## 動手種植

**種植難度：**★★★

**栽培條件：**

**壤土：**宜使用土層肥沃及排水良好的砂質壤土。
**陽光：**喜光，宜長時間日照，至少 6 小時 ，避免直接曝曬。
**水分：**喜濕，耐旱，忌積水，宜每週灌溉 1-2 次，保持壤土濕潤。
**施肥：**在春季及花蕾出現之前施肥 1 次，使用平衡顆粒肥料。

**種植時長：**
種植約 1 年後採收果穗。

**種植季節：**夏季

**種植方法：**種子繁殖

**栽培介質：**泥炭土、珍珠石

**適宜擺放：**花園

## 採收加工

**葉：** 於冬天採收，除去細枝及雜質，曬乾。
**果穗：** 當果穗變成紅色時採收，曬乾或蒸後曬乾。

# 上湯桑葉

**材料**

鮮桑葉 20 克　　鹹蛋、皮蛋各 1 隻
豬瘦肉 150 克　　生薑 3 片
油適量

**製法**

1. 將鮮桑葉洗淨切段，鹹蛋和皮蛋各去殼切粒，豬瘦肉切片，生薑切絲，備用。
2. 加入少許油，薑絲、豬瘦肉片爆炒片刻。
3. 加入清水 2000 毫升左右煮沸，放入鹹蛋粒、皮蛋粒和鮮桑葉，調味即成。

**用法**

建議在秋冬時趁熱食用。

**用途**

滋陰生津，清肺除熱，清肝明目，可減少咽乾、鼻燥、皮膚乾燥等肺燥症狀。

**注意事項**

脾胃虛寒及便溏者慎服。

# 桑椹膏

**材料**

鮮桑椹 150 克　　枸杞子 10 克
冰糖適量

**製法**

1. 把鮮桑椹榨汁。
2. 加入枸杞子及適量冰糖，用小火慢熬出水分熬煮至成稠狀出膠即成。

**用法**

建議一日 2 次，每次 1 茶匙開水沖服。

**用途**

補血滋陰，生津潤燥，明目，烏髮。

**注意事項**

脾胃虛寒及便溏者慎服。

## 桑椹粥

**材料**

鮮桑椹 50 克（乾品 30 克）白米 1 杯

**製法**

1. 將桑椹用水浸泡半小時，去柄，洗淨。
2. 把白米放入清水中淘洗乾淨。
3. 將桑椹與白米同煮為粥，先武火燒開，後文火煮至粥成。

**用法**

建議每日早晚餐服用，特別適合習慣性便秘、產後便秘及老年人血虛便秘者。如果鬚髮早白者，可配入製何首烏粉 15 克，黑芝麻（炒研）15 克，堅持長期服用，效果更佳。

**用途**

滋補肝腎，養血明目。

**注意事項**

脾胃虛寒及便溏者慎服。

## 趣味小故事

桑樹為桑科桑屬下的落葉喬木，道地的中華原生物種，也是中國古老的樹種之一。桑在中國歷史上對人民有着非凡的意義，在中國古代傳説最為著名的是「嫘祖始蠶」。《史記》提到黃帝娶西陵氏之女嫘祖為妻，她教育人民種桑養蠶，由於桑樹上生息着桑蠶，它以桑葉為主食，取食桑葉後吐絲結繭，並織成綢，故被後世尊為「嫘祖始蠶」。隨着社會的穩定發展，後世開始探索桑的其他價值，如桑根可作中藥材，桑的樹皮可造紙亦可入藥，桑果可釀酒製成食物，桑木適宜製作大細木工製品，從而發展一種桑文化。

**別名：**
番桃、秋果、米石榴

**植物來源：**
桃金娘科　番石榴
*Psidium guajava* L.

## 簡介

番石榴是一種為人熟悉的熱帶水果，台灣則稱之為「芭樂」，果實汁多味甜，營養豐富，番石榴的葉片更有調節血糖的功效，是一種兼具觀賞和食用價值的植物。

番石榴為喬木。樹皮平滑，灰色，片狀剝落；嫩枝被毛；葉對生；葉片正面稍粗糙，背面有毛；花白色。漿果球形，卵圓形或梨形，先端有宿存萼片，果肉白色及黃色。

**傳統功效：**
番石榴以果實及葉入藥。

**果實（番石榴果）**：有收斂止瀉的功效。用於痢疾，崩漏。

**葉（番石榴葉）**：有燥濕健脾，清熱解毒的功效。用於瀉痢腹痛，食積腹脹，齒齦腫痛，風濕痹痛，濕疹臁瘡。

# 動手種植

**種植難度：**★★★

**栽培條件：**

**壤土：**宜使用土層深厚、疏鬆肥沃、鹼性及排水良好的砂質壤土。

**陽光：**喜光，宜長時間日照，6 小時以上為佳，避免直接曝曬。

**水分：**喜濕，忌積水，宜每週灌溉 1-2 次，保持壤土濕潤。在幼苗階段及開花期間，宜增加每週灌溉次數。

**施肥：**在春夏季時宜每 2-3 週以含等量氮、磷和鉀的肥料施肥 1 次。

**種植時長：**

種植後第 2 年開花結果。

**種植季節：**春季、秋季

**種植方法：**種子繁殖

**栽培介質：**泥炭土、珍珠石、塘泥

**適宜擺放：**花園

**注意事項：**建議將果實套袋，以防止蟲害，改善果實口感及讓果皮更光亮。

# 採收加工

**果實：**於秋季果實成熟時採收，一般鮮用。

**葉：**於春、夏季採收，鮮用或曬乾。

# 隨手用

## 番石榴乾

**材料**

鮮番石榴果 1-2 個

**製法**

1. 將鮮番石榴果去蒂和梗部，洗淨，切片。
2. 以低溫（50° C）烘乾果片，約 2 小時，期間反面 1 次。
3. 當果片乾燥則可取出，即成。

**用法**

建議可以直接食用或以熱水沖泡當茶飲。

**用途**

澀腸止瀉，生津解渴。

**注意事項**

- 肝熱、火氣大的人不宜多食用，以免便秘。
- 身體帶熱毒，患血痢者慎服。

## 止瀉茶

**材料**

鮮番石榴葉、生薑各 2-3 片

**製法**

將鮮番石榴葉和生薑片洗淨後搗爛，用熱水浸泡 5 分鐘即可。

**用法**

建議在肚瀉不止時，趁溫服用。

**用途**

改善腸胃炎或消化不良引起的腸胃不適。

**注意事項**

體質燥熱者不宜多服，以免便秘。

# 番石榴酒

**材料**

鮮番石榴果 2 個　　冰糖、米酒各適量

**製法**

1. 將鮮番石榴果洗淨，去籽，切成片。
2. 以一層番石榴片、一層冰糖的方式放入密封罐，再裝滿適量米酒。
3. 密封窖藏 3 個月後，即可開啟飲用。

**用法**

建議在飯後飲用，每次飲用量不宜超過 200 毫升。

**用途**

活血，養顏，降血糖。

**注意事項**

避免多飲和空腹飲用，以免傷肝傷胃。

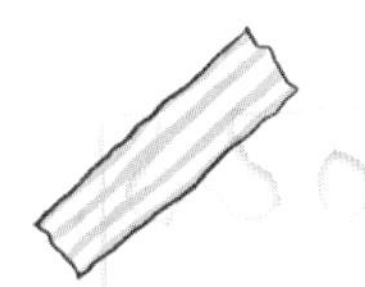

# 趣味小故事

番石榴原產於中南美洲，包括墨西哥和中美洲地區。而當談及番石榴的歷史來源時，追溯到哥倫布的航海時代。在 1493 年的第 2 次航海中，哥倫布抵達加勒比地區時，他們首次發現番石榴。番石榴的獨特的味道和外觀吸引了歐洲探險家的注意，並迅速將其傳入歐洲並在其他地區引種。

番石榴在外觀、口感和營養成分上與普通石榴有所區別，所以為了區別，在不同地區人們給它取了不同的名字。比如在香港被稱為「番石榴」，意思大概就是外來（番）的石榴品種。而在台灣被稱為「芭樂」。關於為何會有不同的名字，這個差異可能受到芭樂原產地西班牙語的發音 (Guayaba) 和葡萄牙語 (Goiaba) 的影響，當芭樂傳入台灣時，人們可能根據西班牙語的發音將其名稱簡化為「芭樂」。隨着時間的推移，這個名稱在台灣逐漸流傳開來，並成為當地人普遍使用的稱呼。這樣的語言差異和名稱變化是由於不同地域和文化之間的互動和影響，亦展示了人類對於新事物的適應和創造力。

**別名：**
安石榴、丹若、山力葉

**植物來源：**
石榴科　石榴
*Punica granatum* L.

## 簡介

石榴的果皮堅硬，包裹着一粒粒鮮紅色肉質的果肉和果核，宛如紅寶石一樣美麗動人，在中國古代象徵多子多福。

石榴為落葉灌木或喬木。枝頂常成尖長刺；葉片長圓狀披針形，紙質，正面光亮；花萼筒鐘狀，通常紅色或淡黃色；花瓣紅色、黃色或白色；果實近球形，淡黃褐色、淡黃綠色或帶紅色，果皮肥厚，先端有宿存花萼裂片。

**傳統功效：**
石榴以果皮、果實及花入藥，其功效各有不同：

**果皮（石榴皮）**：有澀腸止瀉，止血，驅蟲的功效。用於久瀉，久痢，便血，脫肛，崩漏，帶下，蟲積腹痛。

**果實（石榴）**：有止渴的功效。用於咽燥口渴。

**花（石榴花）**：有涼血，止血的功效。用於衄血，吐血，外傷出血，月經不調，中耳炎。

# 動手種植

**種植難度：★★★**

**栽培條件：**

**壤土：**宜使用肥沃、排水良好的微酸性砂質壤土。

**陽光：**喜光，不耐陰，以 6-10 小時日照為佳。

**水分：**耐旱，忌積水，夏季宜每週灌溉 3-4 次；冬季盡量少澆水。

**施肥：**喜肥，開花期 5 月上旬宜使用含氮、磷、鉀肥料；坐果期 6-7 月宜使用氮肥；膨大期 9 月宜使用複合肥；冬季切忌施肥。

**種植時長：**

種植約 4-5 年後採收。

**種植季節：**秋季

**種植方法：**扦插繁殖

**栽培介質：**泥炭土、珍珠石、陶粒、塘泥

**適宜擺放：**花園

# 採收加工

**果皮：**於秋季果實成熟，頂端開裂時採收，曬乾或烘乾。

**果實：**於 9-10 月，果實成熟（由綠變黃）時採收，鮮用。

**花：**5 月開花時採收，鮮用或烘乾。

# 隨手用

## 石榴茶

**材料**

石榴皮 2-3 塊　　冰糖適量

**製法**

1. 鍋中加入適量水和乾燥果皮 2-3 塊，中小火煮 5-10 分鐘。
2. 加入適量冰糖調味，即成。

**用法**

適合脾腎虛寒者經常腹瀉時飲用，建議每星期飲用 2-3 次。

**用途**

澀腸止瀉，改善慢性腹瀉。

**注意事項**

便秘患者不宜服用石榴，將可能增加便秘的嚴重性。

## 石榴沙律

**材料**

鮮石榴 1 個　　橄欖油 1 湯匙
酸忌廉 20 克
羅馬生菜、車厘茄各適量
鹽、碎胡椒、沙律醬或黑醋各適量

**製法**

1. 將適量的羅馬生菜、車厘茄洗淨，隨個人喜好切成適量大小。
2. 將鮮石榴清洗，取石榴籽，與羅馬生菜及車厘茄一起放在碟上進行擺盤。
3. 將橄欖油、酸忌廉、鹽、碎胡椒拌勻後淋上沙律醬或黑醋即成。

**用法**

於口燥咽乾、煩渴時進食。

**用途**

生津止渴，收斂固澀。

**注意事項**

石榴中含糖量較高，需要注意食用的分量。

## 石榴花小炒

**材料**

石榴花、臘肉各適量　　薑、蒜各適量

**製法**

1. 石榴花洗淨，去掉花蕊，保留花瓣。
2. 石榴花放入滾水中燙至半熟，泡水 2 小時。
3. 臘肉切片。
4. 鍋加油燒熱，放薑、蒜、臘肉煸炒至變色。
5. 放入石榴花炒勻，調味即成。

**用法**

建議每星期服用 1-2 次。

**用途**

清熱解毒，消食。

# 趣味小故事

石榴原產波斯一帶，漢代張騫出使西域安石國所得，又稱為「安石榴」。石榴在中國石民俗文化源遠流長，其花、皮、根、籽皆入藥，具有極高的營養價值及藥用價值，所以被譽為「天下奇果，九州名果」。自古以來，坊間對石榴就有不同的運用。不論是在唐代結婚流行互相贈送石榴、在嫁妝裏的被面、枕頭會繡上石榴的花紋，以象徵「多子」的美好寓意，還是在宋、元、明、清代製作繪有石榴花、果的形狀瓷器，特顯出石榴是觀賞價值、藥用價值、歷史文化代表的多元化植物。

而在考古學家的眼中，石榴更是協助他們找到秦始皇陵的大功臣之一。早在 2006 年，中國內地考古學家便開始在兵馬俑附近的土地探測秦始皇陵墓，過程中運用了世界最先進的遙感和物理探測技術，但找到地宮的關鍵，卻在一棵石榴樹上。當時在氣溫攝氏零下 12 度下，寒風刺骨，萬物凋零，但其中一名考古學者卻意外發現有一棵正在發芽開花的石榴樹，原來因地宮的存在，該處地面溫度較高，所以這棵石榴樹便不受嚴寒影響，繼續生長。故此，考古團隊確定了秦始皇陵的位置，勘探及考察工程亦繼而展開，開始對千古一帝秦始皇的地下宮殿進行探究。

**別名：**
黃彈、黃皮子、黃皮果

**植物來源：**
芸香科　黃皮
*Clausena lansium* (Lour.) Skeels

## 簡介

黃皮是一種營養豐富、口感良好的亞熱帶特色水果，具有豐富的維他命 C，普遍種植於新界的圍村地區，村民會用黃皮製成黃皮乾等傳統小食售賣，別具特色。

黃皮為灌木或小喬木。 幼枝、花軸、葉軸、葉柄及嫩葉下面脈上均有集生成簇的叢狀短毛及長毛，有香味；花瓣白色，匙形，開放時反展；果實球形、扁圓形，淡黃色至暗黃色，有柔毛。

**傳統功效：**
黃皮以果實、種子及葉入藥。

**果實（黃皮果）**：有行氣，消食，化痰的功效。 用於食積脹滿，脘腹疼痛，疝痛，痰飲咳喘。

**種子（黃皮果核）**：有行氣止痛，解毒散結的功效。用於氣滯脘腹疼痛，疝痛，睾丸腫痛，痛經，小兒頭瘡，蜈蚣咬傷。

**葉（黃皮葉）**：有解表散熱，行氣化痰，利尿，解毒的功效。 用於溫病發熱，流膿，瘧疾，咳嗽痰喘，脘腹疼痛，風濕痹痛，小便不利，蛇蟲咬傷。

# 動手種植

**種植難度：**★★★

**栽培條件：**

**壤土：**宜使用深厚、壤土肥沃、排水良好的黏質壤土或砂質壤土。

**陽光：**喜半陰，每日日照不多於 6 小時日照為佳，夏天應注意遮蔭。

**水分：**忌積水，春夏季保持壤土微濕，宜每週灌溉 1 次；冬季可適當減少澆水次數。

**施肥：**在生長季節每 2-3 週使用 1 次宜使用含氮為主的肥料；花期宜使用氮肥；膨大期 9 月宜使用複合肥；冬季切忌施肥。

**種植時長：**

種植約 3-7 年後採收果實。

**種植季節：**春季

**種植方法：**嫁接繁殖

**栽培介質：**泥炭土、椰土、塘泥

**適宜擺放：**花園

# 採收加工

**果實：**於 7-9 月果實成熟時採收，鮮用或曬乾，或用食鹽腌後曬乾。

**種子：**於 7-9 月果實成熟時採收，剝去種子，鮮用或曬乾。

**葉：**全年均可採收，鮮用或曬乾。

**黃皮醬**

1. 用適量麪粉及鹽將黃皮搓洗乾淨。
2. 瀝乾後將黃皮去核，放入不沾鍋中，然後加入黃皮重量一半的冰糖。
3. 以中火邊加熱邊攪拌，將冰糖煮至融化後轉成中小火慢熬至成糊狀。
4. 裝入經消毒的可密封玻璃瓶內，冷藏儲存，以供煮食使用。

## 黃皮雞翼

**材料**

黃皮果 200 克　　雞翼 10 隻
豉油、白糖、米酒、油各適量

**製法**

1. 將黃皮洗淨，剪開頂部取出果核備用，把黃皮壓爛，製成醬汁。
2. 將雞翼加入適量豉油、白糖及米酒，醃製約 1 小時。
3. 鍋中加入少許油燒熱，放入雞翼，兩面煎香，然後加入黃皮、清水適量、米酒少許，加蓋，燜煮約 10 分鐘後將汁收至濃稠即成。

**用法**

適合容易食積，消化功能較弱人士當作菜餚食用。

**用途**

開胃，改善消化不良。

## 黃皮蜜餞

**材料**

黃皮果 100 克　　甘草 20 克
白糖 300 克　　鹽適量

**製法**

1. 將黃皮泡水 10 分鐘後晾乾，在表面均勻地撒上鹽，醃製一晚。
2. 醃製完畢的黃皮用沸水煮約 5 分鐘，軟化外皮。
3. 去除枝葉後剪開黃皮頂部，擠出種子，備用。
4. 將甘草加到約 400 毫升清水，小火煮約 10 分鐘後撈起甘草，加入白糖，煮至溶化。
5. 加入黃皮再煮約 20 分鐘，適時攪拌以免黏鍋，待糖水幾乎完全蒸發後關火放涼即成。

**用法**

在口燥咽乾、聲音嘶啞時食用。

**用途**

生津止渴，潤喉止咳。

**注意事項**

含糖量較高，需要注意食用的分量。

## 黃皮葉茶

**材料**

鮮黃皮葉 3-4 片　　冰糖適量

**製法**

將鮮黃皮葉洗淨後面去粗枝，剪碎，用約 1 升清水以中火煮 20 分鐘，加入冰糖適量做調味，煮至溶化即成。

**用法**

在飯後過飽時飲用。

**用途**

消食祛痰，潤肺止咳。

**注意事項**

脾胃虛寒者慎用。

## 趣味小故事

黃皮性平味酸，可消食健胃。廣州的民間諺語有「飢食荔枝，飽食黃皮」，意思是飢餓時吃荔枝充飢，吃多了黃皮可消滯解膩。

「黃皮樹了哥」的歇後語是「唔熟唔食」，人們看到了哥（九宮鳥）在黃皮樹上專揀熟果來啄食，以黃皮樹的了哥暗喻混熟後才行騙的人，不過也證明了哥是一隻很聰明的鳥類品種。

隨著黃皮的知名度提升，吸引了不少人栽種並對黃皮的品種進行改良，當中最特別的，莫過於產自廣東雲浮市鬱南縣的無核黃皮。普通黃皮的果肉都會包裹着 1-2 粒黑色的果核，但無核黃皮所結出的果卻都是汁水充沛，柔軟美味的果肉。在上世紀 30 年代，鬱南縣建城鎮人曾乃楨在自己的別墅發現了兩棵自然基因突變而成的無核黃皮樹，其果實碩大，香甜無核，成為了鬱南無核黃皮的原種母樹。後來再經不同的選育，造就了現代無核黃皮的品種多元化，更令鬱南成為了世界面積最廣、產量最大、品質最優的黃皮產業聚集區，打造特色產業，宣揚嶺南特色水果文化。

# 39 龍脷葉

**別名：**
龍舌葉、龍味葉、牛耳葉

**植物來源：**
大戟科 龍脷葉
*Sauropus spatulifolius* Beille

## 簡介

常喝涼茶的人也一定不會對龍脷葉感到陌生，這種形態獨特的植物是嶺南地區的特色中草藥，能潤肺止咳，特別適合成為秋冬潤肺湯水的材料。

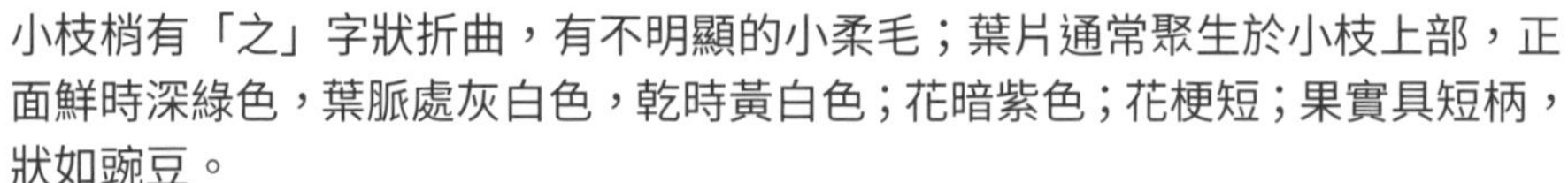

龍脷葉為常綠小灌木。
小枝梢有「之」字狀折曲，有不明顯的小柔毛；葉片通常聚生於小枝上部，正面鮮時深綠色，葉脈處灰白色，乾時黃白色；花暗紫色；花梗短；果實具短柄，狀如豌豆。

**傳統功效：**
龍脷葉以葉入藥，有潤肺止咳，通便的功效。用於肺燥咳嗽，咽痛失音，便秘。

# 動手種植

**種植難度：**★★★

**栽培條件：**

**壤土：**宜使用疏鬆、透氣性良好、排水性良好、不容易結塊或積水的砂質壤土或黏質壤土。

**陽光：**半陰植物，以 4-6 小時的散射陽光為佳，忌陽光直曬。

**水分：**喜濕，忌旱，忌積水。春秋約每 1 星期澆水 1 次；夏季約 3 日澆水 1 次；冬季約每 2 星期澆水 1 次。當壤土出現乾燥或發現葉身摸似革質或厚紙質時亦應澆水。

**施肥：**不施肥會生長得較慢。若定時採割葉片，應每個月施氮肥含量較高的有機質肥料 1 次。在休眠期（開花後至來年春天開始），應停止施肥。

**種植時長：**

種植約 3 個月後採收葉片。

**種植季節：**冬季（冬末）

**種植方法：**扦插繁殖

**栽培介質：**泥炭土、珍珠石

**適宜擺放：**房間、辦公室

# 採收加工

於 5-6 月開始，摘取青綠色葉片，每隔 15 日左右採收 1 次，每株每次可採收葉 4-5 片。

隨手用

內服

## 海龍果水

### 材料

鮮龍脷葉 10 克（乾品 5 克）　胖大海 2-3 枚
羅漢果半個

### 製法

將材所有料洗淨後加 300 毫升水同煮 30 分鐘，隔渣倒出即可飲用。

### 用法

每日飯後 1 杯，連服 1 星期。

### 用途

清熱潤肺，利咽潤喉。

### 注意事項

- 胖大海較為寒涼，不宜長時間持續服用，在症狀得到緩解後應停止飲用。
- 可舒緩熱症引起的咽喉不適，因此寒咳及寒痰者慎用。

## 龍脷葉杏仁豬腱湯

### 材料

鮮龍脷葉、南北杏各 10 克
豬腱肉 200g　紅蘿蔔 1 根
無花果 2 個　鹽適量

### 製法

1. 將所有材料洗淨後，將豬腱肉及紅蘿蔔切塊。
2. 把豬腱肉焯水，隨後將所有材料放入鍋內，加入適量清水，大火煮沸後改小火，煲約 1 小時，加鹽調味即可。

### 用法

每日 1 碗，持續 3 天。

### 用途

清肺，止咳，化痰，適合痰熱咳嗽者。

### 注意事項

寒咳及寒痰者慎用。

# 雙葉潤肺茶

### 材料

龍脷葉、枇杷葉、南北杏各 30 克
無花果 1 個　　　　蜂蜜適量

### 製法

1. 枇杷葉去毛；將所有材料洗淨後加水 2 升，熬煮約 1 小時。
2. 隨個人喜好加適量蜂蜜調味即成。

### 用法

自覺喉乾咽痛者晚飯後飲用 1 杯。

### 用途

潤肺，止咳，清熱。

### 注意事項

脾胃虛弱、胃寒嘔吐者慎服。

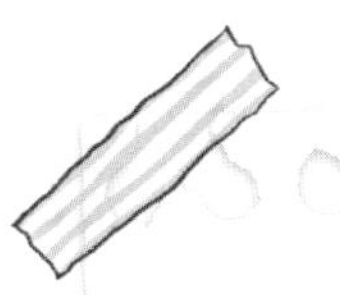

# 趣味小故事

龍脷葉是嶺南地區人民常用作煲湯、煲涼茶的一種常用中藥，有不少人都以為龍脷葉是中國的原生植物。而實際上，龍脷葉原產於越南北部，最早的藥用記載是清代《陸川本草》，指其可清肺，治肺熱咳嗽。後來中外貿易逐漸變得蓬勃，龍脷葉開始成為福建、廣東、廣西等地區的常見栽培植物，在藥圃、公園、村邊及屋旁等都能看見它的身影。龍脷葉為大戟科守宮木屬植物，守宮木屬屬名為“*Sauropus*”，語義為「蜥蜴的腳」，此屬的植物都有特殊的葉脈花紋，令其葉片外觀貌似蜥蜴的腳印而得此命名。龍脷葉的花紋在守宮木屬中尤其突出，成為了受大眾喜愛的裝飾性植物；而其生命力頑強，喜陰喜濕，非常適應嶺南地區的氣候及壤土環境，除了在花園中栽培，亦有時會逸生至野外，成為山林中的一份子。

# 種植難度：

★★★

**別名：**
絲冬、野雞食、多兒母

**植物來源：**
百合科　天冬
*Asparagus cochinchinensis* (Lour.) Merr.

天冬的塊根是常用中藥之一，具有養陰清熱的效果，對於經常熬夜的都市人來說是必不可少的良藥。

天冬為多年生攀援草本，全株無毛；塊根肉質，長橢圓形，灰黃色；葉扁平，呈鱗片狀；花小，簇生於葉腋，淡綠色；果實球形，紅色。

**傳統功效：**
天冬以塊根入藥，有養陰潤燥，清肺生津的功效。用於肺燥乾咳，頓咳痰黏，腰膝酸痛，骨蒸潮熱，內熱消渴，熱病津傷，咽乾口渴，腸燥便秘。

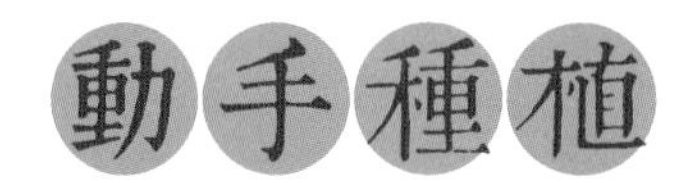


**種植難度：★★★**

**栽培條件：**

**壤土：** 宜使用疏鬆、肥沃、排水性及透氣性良好、不容易結塊或積水的砂質壤土或腐葉土。

**陽光：** 喜光，宜長時間日照，以至少 6 小時為佳。夏季酷熱，尤其是處於幼苗時需注意遮陰。

**水分：** 耐濕，忌旱，忌積水。春秋約 3 日澆水 1 次；夏季每日澆水 1 次；冬季約每星期澆水 1 次。夏季酷熱時應澆盆栽，避免燒根；秋冬不宜經常澆水，可每日噴水 2-3 次，增加空氣濕度。

**施肥：** 施肥能使其生長得更好，每月可施磷鉀含量較高的有機質肥料 1 次。在炎夏及冬季，應停止或減少施肥至兩個月 1 次。

**種植時長：**

種植約 2-3 年後採收塊根。

**種植季節：** 春季、秋季

**種植方法：** 種子繁殖

**栽培介質：** 泥炭土、珍珠石

**適宜擺放：** 陽台、花園

# 採收加工

除去藤莖，取出塊根，洗淨，用水煮至皮裂、透心時撈出。趁熱剝去外皮，再烘乾或曬乾。

塊根水煮時間不宜過久，否則會使顏色變紅。

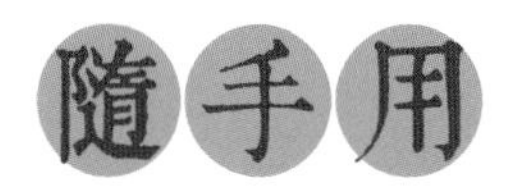

隨手用

內服

## 沙參玉竹二冬湯

**材料**

天冬、麥冬各 15 克
北沙參、玉竹各 20 克
雪梨 2 個　無花果 2-3 個
鹽適量

**製法**

將所有材料洗淨後，加水 1.5 升，以大火煮開後，轉小火煮約 1.5 小時即可。

**用法**

每日 1 碗，持續 3 天。

**用途**

養陰潤燥，清肺生津，改善口乾舌燥、咽喉疼痛等情況。

**注意事項**

- 天冬忌與鯉魚同食。
- 此食譜較為滋膩，體有實熱者忌服。
- 體質濕盛者慎服。

## 二冬銀耳百合羹

**材料**

天冬、麥冬各 20 克
銀耳 10 克　鮮百合 2 個
蜂蜜或冰糖適量

**製法**

1. 將天冬、麥冬及百合洗淨、銀耳用水發泡撕成小塊。
2. 加水 1.5 升，放置所有材料，以大火煮開後，再以小火煮約 45 分鐘，依喜好加蜂蜜或冰糖調味。

**用法**

每日 1 碗，持續 3 天。

**用途**

養陰涼血止血，改善陰虛火旺引起的五心煩熱、心悸失眠、吐血或便血等。

**注意事項**

- 天冬忌與鯉魚同食。
- 此食譜較適合陰虛引起的燥熱，體有濕熱、熱毒、實熱者忌用。

## 天冬枸杞粥

**材料**

天冬 20 克　　枸杞子 15 克
白米 1 杯

**製法**

把天冬、枸杞子用溫開水浸泡 5 分鐘，以清水沖洗乾淨，加水煮成濃縮汁液，再與白米一同加水熬煮即成。

**用法**

代替正餐服用，持續 3-5 日。

**用途**

滋陰潤肺，生津止渴。適用於肺腎陰虛引起的乾咳少痰（或無痰、痰中帶血）、手足心熱、午後潮熱、盜汗等症狀。

**注意事項**

- 天冬忌與鯉魚同食。
- 天冬甘寒清潤，虛寒腹瀉或外感風寒咳嗽者忌服。

## 趣味小故事

天冬原名全稱為天門冬，後來才被簡稱為天冬。它載於中國現存最早的中藥學著作——《神農本草經》，亦是其中一種可以藥食同源的中藥材。葛洪的《抱朴子》對天門冬的形容：「生高地，根短而味甜，氣香者善。其生水側下地者，葉細似蘊而微黃，根長而味多苦，氣臭者下，亦可服食。然喜令人下氣，為益尤遲也……入山便可蒸，若煮啖之，取足可以斷穀。若有力可餌之，亦可作散，並及絞其汁作酒，以服散尤佳。」，可見天冬在中國有多樣的食法，包括煮湯、製酒、熬膏、做成蜜餞等。

相傳，在明末爆發的起義中，起義軍領袖李自成為了聯合張獻忠，親自前往拜會了他。但不巧的是張獻忠的妻子剛好當天生產，張獻忠不方便離開夫人身旁，只能讓副將出門迎接。在李自成等了半個時辰，正打算發怒之際，那副將連忙讓僕人端上一盤色澤鮮亮、溢香撲鼻的佐茶食品——天冬蜜餞。李自成嘗後感覺其味道甜美，滋潤化渣，沁人心脾，便又耐心地等待。終於待張獻忠妻子誕下麟兒後，順利地商量起義的事宜。

**別名：**
書帶草、沿階草、羊韭

**植物來源：**
百合科　麥冬
*Ophiopogon japonicus* (L. f) Ker-Gawl.

麥冬是一種具有清熱養陰、潤肺止咳功效的常用中藥材，富含多糖類、蛋白質等營養元素，更可以改善記憶，抗衰老，臨床應用廣泛，是大自然餽贈給我們的寶貴植物之一。

麥冬為多年生草本。鬚根中部或先端常膨大形成肉質小塊根，葉叢生；葉片窄長線形。花小，淡紫色，不展開；果實球形，早期綠色，成熟後暗藍色。

**傳統功效：**
麥冬以塊根入藥，有養陰生津，潤肺清心的功效。用於肺燥乾咳，陰虛癆嗽，喉痹咽痛，津傷口渴，內熱消渴，心煩失眠，腸燥便秘。

種植難度：★★★

**栽培條件：**

**壤土：** 宜使用肥沃、排水良好的酸性沙壤土。

**陽光：** 喜歡陽光與陰影結合，早上接受充足陽光照射，中午的陽光需要有適當的遮陰下照射。

**水分：** 每週 1-2 次，澆水至多餘水分從排水孔排出，需注意避免積水。

**施肥：** 在春季期間，每 2-3 週施 1 次以氮、鉀為主的稀肥料，夏季時，將施肥頻率降低，並避免在秋季及冬季施肥。

**種植時長：**

於第 2 年或第 3 年的春天採收塊根。

**種植季節：**春季

**種植方法：**分株繁殖

**栽培介質：**泥炭土、珍珠石

**適宜擺放：**陽台、花園

**注意事項：** 忌連作

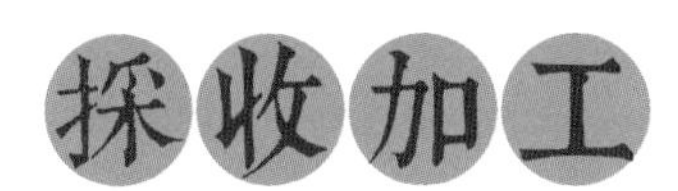

於晴天時採收塊根，除去鬚根和泥土，曬乾或烘乾。

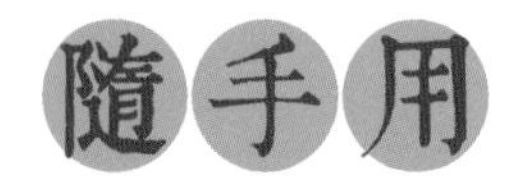

## 麥冬雪梨潤肺湯

**材料**

麥冬 20 克　　雪梨 2 個

**製法**

1. 將麥冬用清水浸泡約 15 分鐘，雪梨去皮後切成適合入口的大小。
2. 將所有材料放入鍋中，加清水適量，以中火煮約 30 分鐘即成。

**用法**

在秋天或自覺皮膚乾燥繃緊，口乾舌燥時在餐後飲用，連用 1 星期。

**用途**

滋陰潤肺，改善乾燥症狀。

**注意事項**

脾胃虛寒者慎用。

## 西洋參麥冬滋陰飲

**材料**

西洋參、麥冬各 10 克
大棗 8-10 粒
枸杞子 15 克
龍眼肉 10-12 粒

**製法**

1. 將所有材料浸泡洗淨。
2. 將大棗去核備用。
3. 在鍋中放入所有材料後加水適量，大火滾起後，轉中火煲 30-45 分鐘。
4. 稍涼後，即可飲用。

**用法**

在心煩氣躁、口乾舌燥時飲用。

**用途**

滋陰潤燥，補氣血。

**注意事項**

脾胃虛寒者慎用。

## 沙參麥冬安神茶

**材料**

麥冬 10 克　　北沙參、蓮子各 5 克
蜂蜜適量

**製法**

1. 將麥冬、北沙參及蓮子洗淨後浸泡 15 分鐘，加水適量，大火滾起後，轉小火煲 25 分鐘。
2. 放涼後加適量蜂蜜，拌勻後飲用。

**用法**

在晚上體熱難以入睡，心煩氣躁時睡前服用。

**用途**

潤燥補肺，滋陰清熱，安神助眠。

**注意事項**

脾胃虛寒者慎用。

## 趣味小故事

麥冬是其中一種最為常用的中藥材，它具有強大的滋陰生津作用，亦可清心除煩，在針對失眠、陰虛的養生茶飲、滋陰湯水中都經常能看見它的身影，而麥冬更是香港夏日的消暑良飲——清補涼的主要藥材之一。清補涼由多種健脾除濕、養陰生津的藥材製成，包括北沙參、玉竹、麥冬、懷山、蓮子、百合、芡實、龍眼肉等，當中的北沙參、玉竹和麥冬互相配伍，能滋養肺胃之陰，恰能針對因炎夏高溫，汗滴不止，傷津耗氣而出現的病證。

而在不少滋陰清熱，潤肺生津的中藥經典名方亦可見麥冬的身影，例如《溫病條辨》中能清養肺胃、生津潤燥的「沙參麥冬湯」，此方以北沙參、玉竹、甘草、冬桑葉、麥冬、白扁豆和天花粉組成，對燥傷肺胃，津液虧損證所導致的咽乾疼痛，少痰乾咳有良好的治療作用。而《內外傷辨惑論》中所載的「生脈散」由人參、麥冬和五味子組成，人參補益肺氣而生津；麥冬養陰清肺而生津；五味子固表斂肺而生津，三者合用能益氣生津，斂陰止汗，對暑邪所導致氣短身疲，咽乾舌燥，心悸胸悶的氣陰兩傷之證十分有效。

麥冬雖沒有明艷的顏色或芳香的氣味，小小一顆看起來毫不起眼，但在養陰潤肺、益胃生津的功效上十分突出，是滋陰生津藥中獨特而不可替代的重要藥材。

# 42 佛手

**別名：**
佛手柑、五指香櫞、十指柑

**植物來源：**
芸香科　佛手
*Citrus medica* L. var. *sarcodactylis* Swingle

## 簡介

佛手象徵多福多壽，因佛手與「佛」、「福」音近，有吉祥的意義。佛手果形狀奇特似手，果實有裂紋，握指合拳稱「拳佛手」，手指開展稱「開佛手」。

佛手為常綠小喬木或灌木。枝上有棘刺，嫩枝紫紅色；花瓣內面白色，外面淡紫色；果實卵形或矩圓形，頂端開裂如指狀，指抱合如拳或指開張如手，表面橙黃色粗糙。

**傳統功效：**
佛手以果實入藥，有疏肝理氣，和胃止痛，燥濕化痰的功效。用於肝胃氣滯，胸脅脹痛，胃脘痞滿，食少嘔吐，咳嗽痰多。

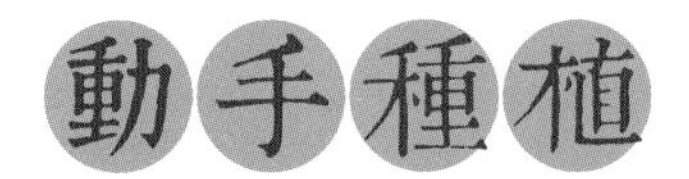


**種植難度：★★★**

**栽培條件：**

**壤土：**宜使用深厚、肥沃、排水良好的微酸性砂土。

**陽光：**喜光，宜長時間日照，每日光照 6 小時以上為佳。唯在夏季，需適當遮蔭，防止曬傷。

**水分：**每週一至兩次，澆水至多餘水分從排水孔排出，需注意避免積水。

**施肥：**在春季期間，每 2-3 週施 1 次稀釋的高磷有機肥料，避免在秋季及冬季施肥。

**種植時長：**

種植約 4-5 年後開花結果。

**種植季節：**春季、夏季

**種植方法：**扦插繁殖

**栽培介質：**泥炭土、珍珠石、陶粒、塘泥

**適宜擺放：**客廳、陽台、花園

## 採收加工

建議於晚秋採收，在果實由綠色變淺黃色時採摘。
將果實切成薄片，鮮用或曬乾或烘乾。

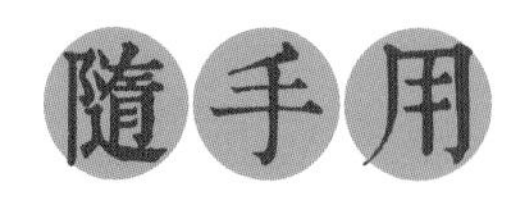

隨手用

內服

# 佛手柑茶

### 材料

鮮佛手 15 克（乾品 6 克）　玫瑰花 15 克

### 製法

1. 將鮮佛手或其乾品切成小塊，把玫瑰花放入茶包袋備用。
2. 用熱水沖泡，並加入鮮佛手，浸泡 10 分鐘後即可飲用。

### 用法

每晚一杯。

### 用途

舒肝理氣，和胃止痛，行氣活血，舒緩痛經症狀。

### 注意事項

無氣滯症狀者慎服。

# 佛手柑粥

### 材料

佛手 15 克
白米 1 杯
冰糖 50 克

### 製法

1. 將白米洗淨，佛手洗淨後切碎備用。
2. 將佛手加到 1200 毫升清水中，煎煮約 20 分鐘，得佛手水煎液。
3. 將白米及冰糖加入佛手水煎液。
4. 開小火慢燉 30 分鐘後即可。

### 用法

感到胃脘脹滿，不思飲食時可少量多餐服用。

### 用途

健脾養胃，理氣止痛，醒胃豁痰，消食。

### 注意事項

無氣滯症狀者慎服。

Tips

以紅糖取代冰糖能加強其溫補效果，對胃脘脹滿、冷痛有更好的功效。

# 佛手柑蜜餞

### 材料

鮮佛手 20 克　砂糖 80 克
冰糖 120 克

### 製法

1. 將鮮佛手洗淨後擦乾切成絲狀，用砂糖醃製一個晚上。
2. 次日，將醃製好的佛手加入 200 毫升清水及冰糖。
3. 用大火煮開後，以小火燉至收汁，直到佛手絲呈透明即可。
4. 隨後可放入密封容器保存或直接食用。

### 用法

可充當小食服用，或以熱水沖服飲用。

### 用途

緩解消化不良。

### 注意事項

- 無氣滯症狀者慎服。
- 含糖量較高，關注血糖人士及糖尿病患者服用前應先諮詢醫生意見。

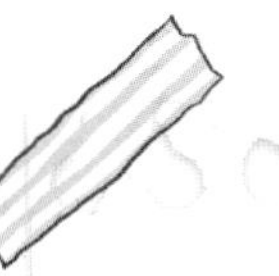

# 趣味小故事

佛手，以佛為名，色澤金黃，香氣清雅，形狀就似佛陀拈指， 在古代寓意吉祥長壽，因其帶著仙佛氣息，文人亦喜愛把佛手當作清供的貢品。明代詩人王世貞就以「自有色香通妙諦，欲將清若味真詮。漢宮虛擢銅仙掌，消渴文園病未痊」來讚美佛手柑的奇妙滋味和獨特的形態。而除了文壇，在官場上，也是皇帝作為賞賜官員的上品，清代查慎行的詩歌《恩賜佛手柑恭紀》，便以「筠籠珍重貢炎方，羅帕玲瓏照玉堂。縹蒂經時猶帶綠，芳苞映日已全黃。長隨禁荔迎涼到，遠勝新橙透甲香。別以傳柑增掌故，立秋時節賜山莊。」描述了佛手作為朝廷貢品受追捧的盛況。

除此以外，佛手亦是流行的食用精油——佛手柑精油的主要原料。佛手柑流行於二十世紀，深受英國皇家歡迎。以馥郁柑橘香氣聞名的格雷伯爵茶，便是一種添加了佛手柑，或佛手柑精油的調味紅茶。格雷伯爵茶在英國的流行亦在不同的國家掀起了柑橘調味茶的熱潮，更以此為基礎作出了多番改良，使用了其他柑橘屬的植物精油，例如香檸檬、香櫞、枸櫞等，為果香增添層次，當中亦衍生出了加入玫瑰、木槿、矢車菊，令花香更濃郁的法式伯爵茶，以及柑橘皮、橙皮、檸檬香茅，令果香更明顯的俄羅斯伯爵茶，都是受歡迎的改良伯爵茶。

時至今日，格雷伯爵茶依然是受大衆歡迎的一種茶飲，但清雅果香的來源到底是傳統格雷伯爵茶中所含的佛手柑，還是由其他柑橘屬植物精油調配而成的，便不得而知了。下次泡茶時，不妨在紅茶中加入佛手，親手調配並一嚐格雷伯爵茶的傳統滋味吧。

**別名：**
月月紅、月季花、月月花

**植物來源：**
薔薇科　月季
*Rosa chinensis* Jacq.

中國是栽培月季的起源中心之一，可追溯到 2,000 多年前的西漢時期。直至現今，月季被評選為中國十大名花之一，成為了中國 70 多個城市的市花代表。

月季為直立灌木，矮小。枝有粗壯而帶鈎狀的皮刺；小葉片邊緣有鋭鋸齒，柄上有腺毛及刺；花萼向下反卷；花瓣紅色或玫瑰色，重瓣，呈覆瓦狀排列。

**傳統功效：**
月季以花入藥，有活血調經，疏肝解鬱的功效。用於氣滯血瘀，月經不調，痛經，閉經，胸脅脹痛。

**種植難度：**★★★

**栽培條件：**

**壤土：**宜使用肥沃、疏鬆透氣、排水良好的酸性壤土。

**陽光：**喜光，宜長時間日照，6 小時以上為佳，但於夏季需輕微遮蔭，防止曬傷。

**水分：**每 3 天檢查盆土，在盆土略乾時澆水至水從盆底流出，避免積水。

**施肥：**春夏季每月施用 2 次液態肥料，每 2 個月施用 1 次緩釋肥料，冬季施用少量稀釋複合肥。在花期每週補充少量鱗鉀肥，促進花苞萌發。

**種植時長：**

種植約 2 年後採收花。

**種植季節：**春季

**種植方法：**扦插繁殖

**栽培介質：**泥炭土、珍珠石、陶粒

**適宜擺放：**客廳、陽台、花園

於夏、秋季晴天時採收半開放的花朵，鮮用或晾乾或烘乾。

43 月季

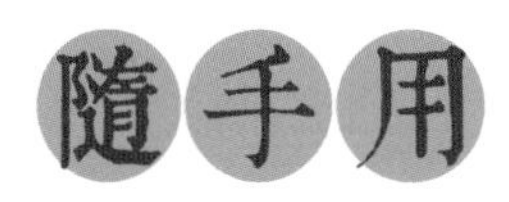

## 月季花茶

**材料**

鮮月季花 2-3 朵（乾品 5 克）
鹽適量

**製法**

取鮮月季花或其乾品，以淡鹽水清洗，瀝乾後放入茶包，加入開水 1 杯，浸泡 5-10 分鐘即可飲用。

**用法**

每晚睡前飲用，連服 1 個月。

**用途**

美容養顏，疏肝解鬱，改善婦女皮膚發黃、情緒鬱悶。

**注意事項**

脾胃虛寒者及孕婦慎服。

## 月季花餅

**材料**

鮮月季花瓣 200 克
白糖 400 克
蜂蜜 50 克
熟糯米粉 50 克
油 75 克
低筋麪粉 80 克
中筋麪粉 100 克

**製法**

1. 將鮮月季花瓣洗淨後撒少許鹽，加入與月季花等量的白糖，以手將兩者搓揉至汁液釋出，充分混合。
2. 加入蜂蜜及 200 克白糖攪拌，製成月季花醬，倒入已消毒的大口玻璃瓶備用。
3. 把熟糯米粉與約 100 克月季花醬攪拌混合，再加食用油 12 克，製成不沾手的月季花餡團。
4. 將低筋麪粉與 40 克食用油混合，製成油麪團；並將中筋麪粉、35 克食用油和 50 毫升熱水混合，製成水油麪團。
5. 把水油麪團擀平，包覆油麪團，先搓成團，再擀成長方形，捲成條，分成小份，包入月季花餡團，擀圓。
6. 直接放上平底鍋以中火烙至兩面金黃即可。

**用法**

在經期前後食用。

**用途**

舒緩經期前後的乳房脹痛、心情不暢、肝胃氣痛等經前不適。

**注意事項**

- 脾胃虛寒者及孕婦慎服。
- 含糖量較高，糖尿病患者或關注血糖人士在服用前應先諮詢醫生專業意見。

**Tips** 剩餘的月季花醬可冷藏存放約一星期。

## 溫經月季湯

**材料**

乾月季花 20 克
黃酒 10 毫升　　冰糖適量

**製法**

1. 將乾月季花洗淨，加水 500 毫升，小火煎至 200 毫升。
2. 撈起月季花，加黃酒及適量冰糖，攪勻後趁熱飲用。

**用法**

於月經來潮一週前每晚溫服，可舒緩月經周期之痛經。

**用途**

活血化瘀，調經解鬱，適用於氣滯血瘀、閉經、痛經等症。

**注意事項**

脾胃虛寒者及孕婦慎服。

# 趣味小故事

從古時開始，人便有用鮮花來表達自己的心意的習慣。月季、薔薇和玫瑰三者都是薔薇科薔薇屬，親緣關係很近，三個不同的的植物物種，在英語中，它們都被統稱為 Rose，而在中文，我們習慣把花朵直徑大、單生的品種稱為月季，小朵叢生的稱為薔薇，可提煉香精的稱玫瑰。但薔薇科薔薇屬的植物實在太多，形態亦相近，在眾多植物學家的選育下更是衍生出了不同形態和品種，各具特色，月季、薔薇、玫瑰三者的分界線變得模糊，逐漸以「玫瑰」作為廣義的統稱。

在眾多玫瑰品種中，保加利亞玫瑰是其中一種最廣為熟悉的玫瑰品種，又被稱為大馬士革玫瑰及突厥薔薇。這種玫瑰具有特殊而濃郁的香氣，出油率高達萬分之三，是世界公認出油率最高、香型最佳，提煉玫瑰精油和生產玫瑰純露的最佳品種。但要提煉一公斤的玫瑰精油，需要約 3500 公斤的玫瑰花，所以玫瑰精油的價值極高，更被稱為「液體黃金」，成為玫瑰王國保加利亞的重要經濟支柱。

而在中國，因為豐富的氣候及地理環境，不同的省份亦是多種玫瑰的盛產地，如雲南的「墨紅」、「滇紅」和「金邊玫瑰」便是中國食用玫瑰的三大品種；山東的平陰玫瑰花大，氣香，則多作為園林綠化及香精提取原料使用，更是中國國家地理標誌產品之一。

然而，在嶺南地區，氣候潮濕而炎熱，沒有顯著的日夜溫差和晴朗的天氣，玫瑰難以生長和開花。比起玫瑰，月季有更強韌的生命力和適應能力，在南方依然能茁壯成長。所以，在香港或廣東等地區看見，狀似玫瑰的花朵，大多都是月季。

# 44 無花果

**別名：**
品仙果、應日果、映日果

**植物來源：**
桑科　無花果
*Ficus carica* L.

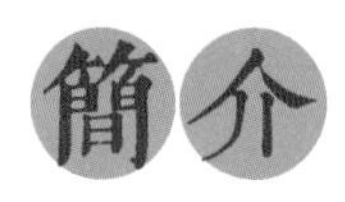

## 簡介

無花果的歷史可以追溯到公元前 5000 年，它是人類最早栽培的果樹樹種之一。古時，人們無法直接看到無花果的花，所以認為該樹不會開花，故有「無花果」這個名稱。事實上，無花果是有花的，它的花隱藏於囊狀花托內，需要將果實打開之後才可以看到。

無花果為落葉灌木或小喬木，全株具乳汁。葉厚紙質，葉緣有不規則齒，掌狀葉脈明顯，正面粗糙，背面密生短柔毛；果實呈梨形，頂端下陷，成熟時紫紅色或黃色，切面呈黃白色。

**傳統功效：**
無花果以果實入藥，有清熱生津，健脾開胃，解毒消腫的攻效。用於咽喉腫痛，燥咳聲嘶，乳汁稀少，腸熱便秘，食慾不振，消化不良，泄瀉痢疾，癰腫，癬疾。

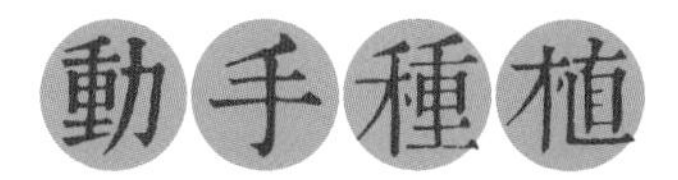

種植難度：★★★

**栽培條件：**

**壤土：**宜使用肥沃、排水良好的深厚壤土。

**陽光：**喜光，宜長時間日照，每日光照 6 小時以上為佳。唯在夏季，需適當遮蔭，防止曬傷。

**水分：**每 1 至 2 週澆水 1 次，澆水至多餘水分從排水孔排出，需注意避免積水。

**施肥：**約半個月施 1 次複合肥。冬季需減少施肥。

**種植時長：**

種植約 1-2 年後採收果實。

**種植季節：**冬季（冬末）

**種植方法：**扦插繁殖

**栽培介質：**泥炭土、珍珠石、椰土、塘泥

**適宜擺放：**花園

## 採收加工

於 7-10 月果實呈綠色時分批採收，鮮用或曬乾或烘乾。

**於秋季採收：**在結果枝上短截留 2-3 個芽。

**於夏季採收：**不宜短截。

# 隨手用

## 雙果甘草茶

**材料**

無花果乾 6 枚　羅漢果半個
蓮子 10 克　百合、甘草各 15 克

**製法**

1. 將蓮子、百合及甘草以清水浸泡約 1 小時備用。
2. 把羅漢果連核捏成小塊，無花果乾切半備用。
3. 將所有材料連同浸泡所用的清水放入鍋中，加水約蓋過所有材料，以大火煮約 15 分鐘即成。

**用法**

在失眠易倦，心煩氣躁時代茶飲用，1 星期 2 次。

**用途**

清熱潤燥，滋陰安神，改善失眠。

**注意事項**

無花果鉀含量較高，腎功能較弱或正在服用抗凝血藥物人士慎服。

## 無花果雪耳潤肺湯

**材料**

鮮無花果 3 個（乾品 7 枚）
雪耳 3-4 個　鮮山藥 1 條
瘦肉 300 克　鹽適量

**製法**

1. 將雪耳泡軟後去除根部，鮮無花果（或乾品）洗淨後切半備用。
2. 將鮮山藥去皮後切成小塊，連同已汆水洗淨的瘦肉放入鍋中，加水適量，以大火煮沸轉成中火煮約 10 分鐘。
3. 加入雪耳及無花果，再煮約 30 分鐘。
4. 隨個人口味加鹽適量即可。

**用法**

在感到皮膚乾燥，聲音沙啞，或咽乾舌燥時在餐後飲用 1 碗，連渣食用，連服 3 日。

**用途**

養陰潤肺，舒緩乾燥症狀。

**注意事項**

無花果鉀含量較高，腎功能較弱或正在服用抗凝血藥物人士慎服。

# 無花果沙律

**材料**

鮮無花果 2 個　　橄欖油 1 湯匙
酸忌廉 20 克
羅馬生菜、車厘茄各適量
鹽、碎胡椒各適量

**製法**

1. 將適量的羅馬生菜、車厘茄洗淨，並隨個人喜好切成適量大小。
2. 將鮮無花果清洗後切角，與羅馬生菜及車厘茄一起放在碟上進行擺盤。
3. 將橄欖油與酸忌廉，加鹽及碎胡椒適量，拌勻後淋上沙律即成。

**用法**

天氣炎熱，食慾不振時可以此作為前菜，在正餐前食用。

**用途**

消暑開胃，排毒美顏。

**注意事項**

無花果鉀含量較高，腎功能較弱或正在服用抗凝血藥物人士慎服。

## 趣味小故事

無花果是一種以健康著稱的水果，它含有多種有益於人體健康的營養成分，例如膳食纖維、維他命、礦物質等，更含有大量多酚類化合物，具有優秀的抗氧化效果。無花果原產於阿拉伯、小亞細亞及地中海沿岸等地，漢朝時從波斯傳入新疆，在唐代傳入中原，成為常見的栽培植物。

無花果是人類歷史上最早的栽培水果之一，在羅馬文化中，無花果是人類卓越以及豐盛的象徵，無花果樹更是連結天地的世界樹，是一種神聖的植物。相傳羅馬的建國者羅穆盧斯 (Romulus) 與瑞摩斯 (Remus) 在嬰兒時期被遺棄在台伯河，隨水漂流至一棵無花果樹下，在母狼的養育下長大；而羅馬大帝奧古斯都的死亡亦被認為與其妻子在無花果上下毒有關，種種傳說都有無花果的身影，印證了無花果與意大利文化中的親密關係。意大利的氣候尤其適合無花果生長，南部如卡拉布里亞、坎帕尼亞、西西里島等地區尤其盛產各式獨特品種的無花果。據當地人所述，將吃掉一半的無花果丟到土中，在若干年後便能長出一棵新的無花果樹。

**別名：**
末利、沒利、三白

**植物來源：**
木犀科　茉莉
*Jasminum sambac* (L.) Aiton

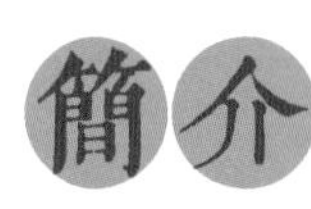


茉莉花有着獨特的香氣，最早源於印度，隨着貿易傳入中國及阿拉伯等地，在印度教和佛教中，茉莉花常被用來作為祭品，象徵着純潔和神聖。

茉莉花為直立或攀援灌木。葉柄被短柔毛；葉片紙質；花序頂生，通常有花 3 朵，有時單花或多達 5 朵；花白色，極芳香；果實球形，呈紫黑色。

**傳統功效：**
茉莉以花入藥，有理氣止痛，辟穢開鬱的功效。用於濕濁中阻，胸膈不舒，瀉痢腹痛，頭暈頭痛，目赤，瘡毒。

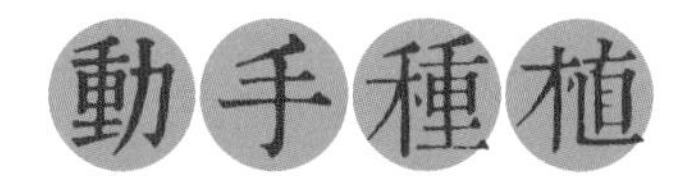

# 動手種植

**種植難度：**★★★

**栽培條件：**

**壤土：**宜使用富含有機質、肥沃、排水良好的酸性砂土。

**陽光：**喜光，宜長時間日照，每日光照 6 小時以上為佳。唯在夏季，需適當遮蔭，防止曬傷。

**水分：**每週 1-2 次檢查盆土，乾旱時澆水至多餘水分從排水孔排出，需注意避免積水。

**施肥：**每年春夏使用磷酸鹽肥料促進開花，開花期間每 2~3 天追施 1 次薄肥。

**種植時長：**

種植約 3-6 年後開花。

**種植季節：**春季、夏季、秋季

**種植方法：**扦插繁殖

**栽培介質：**泥炭土、珍珠石、陶粒

**適宜擺放：**陽台、花園

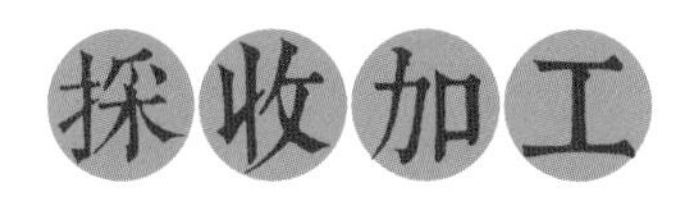

# 採收加工

在夏季花初開時採收，連同帶葉嫩枝一起摘，以促使新枝再發。

## 茉莉花粥

**材料**

鮮茉莉花 10 克　白米 1 杯
冰糖適量

**製法**

1. 將白米淘洗後放入鍋中，以大火煮沸 15 分鐘，後轉小火慢熬 15 分鐘。
2. 加入鮮茉莉花，繼續熬煮約 15 分鐘，直至粥變得綿密黏稠。
3. 加適量冰糖調味。

**用法**

需要時代餐服用，連服 5-7 日。

**用途**

理氣止痛，溫中和胃，舒緩腹脹腹痛及肚瀉不適，尤其適合痛經腹瀉的婦女。

## 茉香奶凍

**材料**

茉莉花 10 克　淡奶油 200 毫升
冰糖 15 克　魚膠粉 6 克
牛奶 250 毫升

**製法**

1. 將鮮茉莉花除去花蕊，用牛奶浸泡，冷藏靜置約一晚。
2. 以濾網濾走牛奶中的茉莉花，以約 60° C 加熱，邊煮邊攪拌。魚膠粉先以涼開水溶化。
3. 攪拌至冒出微煙時可以加入淡奶油，並繼續加熱及攪拌，到微微冒煙時加冰糖及魚膠粉溶液，攪拌及融化後便倒入容器，置於雪櫃冷凍約一晚至凝固。

**用法**

在情緒低落及失眠時當甜品食用。

**用途**

疏肝解鬱，理氣安神，滋陰美容。

**注意事項**

咳嗽痰多者及脾胃虛寒不宜使用。

應盡量以小火加熱牛奶，以免牛奶中的蛋白質被高溫破壞釋出苦味。

## 茉莉花茶

**材料**
乾茉莉花 5 朵
薄荷少量
綠茶茶包 1 包

**製法**
用沸水沖泡綠茶，並加入乾茉莉花及薄荷，即成。

**用法**
餐後代水飲用。

**用途**
解毒，提神，去油膩，去口氣。

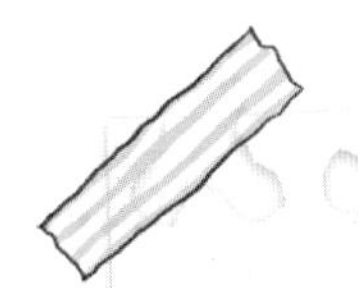

## 趣味小故事

印度婦女會以茉莉作為頭飾，希望能獲得好運，擁有茉莉圖案的首飾及裝飾在古代壁畫及雕塑中亦不難看見，而印度教徒更會以茉莉花環裝飾神像表達虔誠。而在眾多茉莉的品種中，出產自印度南部城市馬杜賴 (Madurai) 最受歡迎。

馬杜賴 (Madurai) 出產的茉莉花香味馥郁動人，花瓣厚實，可以存放較長時間，所以在眾多品種中脫穎而出。茉莉花是這個城市的主要經濟作物，亦是一個最重要的標誌。當地隨處可見販賣茉莉的賣花人，他們稱茉莉為 Malligai，每日重複着採花及串花的工作，街道上充斥茉莉的芬芳。

而隨着茉莉的傳入和發展，現今的廣西橫州市成為了全球 60% 茉莉花的出產地，茉莉花與茶文化的結合亦在橫州開花結果，誕生了世界聞名的茉莉花茶。橫縣茉莉花茶更在 2020 年入選中國首批 100 個受歐盟保護地理標誌名錄，彰顯了中國茉莉之鄉在國際間的認受性。

**別名：**
苦丁香、野丁香、胭脂花

**植物來源：**
紫茉莉科　紫茉莉
*Mirabilis jalapa* L.

紫茉莉根形狀獨特，外觀酷似老鼠，故有「入地老鼠」的俗稱，這一俗名主要流行於嶺南地區。紫茉莉根具有良好的清熱解毒功效，在民間藥有着廣泛應用。紫茉莉廣泛分佈於嶺南地區，當地居民常於街市購買，並煮湯服用作為日常的健康調理食療。

紫茉莉為一年生或多年生草本。根圓錐形或紡錘形，肉質；葉對生；有長柄；葉片紙質，葉卵形或卵狀三角形，先端鋭尖，基部截形或稍心形；花紅色、粉紅色、白色或黃色；果實近球形。

**傳統功效：**
紫茉莉以根、花及果實入藥。

**根（紫茉莉根）**：有清熱利濕，解毒活血的功效。用於水腫，赤白帶下，關節腫痛。

**花（紫茉莉花）**：有潤肺，涼血的功效。用於咯血。

**果實（紫茉莉子）**：有清熱斑，利濕解毒的功效。用於面生斑，膿皰瘡。

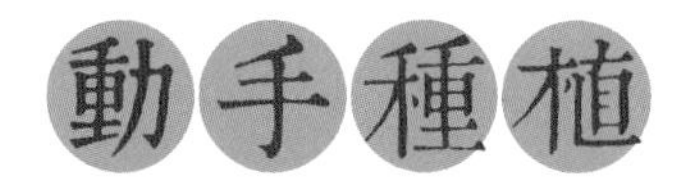

種植難度：★★★

**栽培條件：**

**壤土：**宜使用鬆軟、透氣性、排水性良好的砂質或半砂質壤土。
**陽光：**喜光，光照時長 6 小時以上為佳。
**水分：**宜每週澆水 1 次。
**施肥：**宜每 15-20 天施肥 1 次，建議使用磷鉀肥。

**種植時長：**
大約 1 年。

**種植季節：**春季

**種植方法：**種子繁殖

**栽培介質：**泥炭土、珍珠石、椰土

**適宜擺放：**陽台、花園

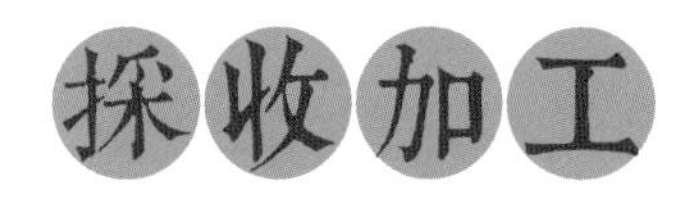

**根：** 在播種當年 10-11 月收穫，洗淨鮮用；或去除蘆頭及鬚根，刮去粗皮，切片，曬乾。

**花：** 於 7-9 月花盛開時採收，鮮用或曬乾。

**果實：**於 9-10 月果實成熟時採收，除去雜質，曬乾。

**紫茉莉葉汁**

1. 以剪刀剪下嫩葉，並清洗乾淨。
2. 把紫茉莉葉撈起來，並放入攪拌機。
3. 攪拌成液體狀態。
4. 過濾去渣後，倒進容器內。
5. 儲存於密封容器，可作外敷，放冰箱最多可儲存 24 小時。

# 隨手用

## 紫茉莉根茯苓湯

**材料**

鮮紫茉莉根 1- 2 條　　茯苓 15 克

**製法**

1. 取新鮮紫茉莉根洗淨，切片，泡水 15 分鐘。
2. 將茯苓洗淨，泡水 15 分鐘。
3. 將適量豬肉洗淨，切片，汆水。
4. 鍋中加入 2 升水，放入所有材料，中大火煮 45 分鐘，調味即成。

**用法**

建議因季節炎熱，轉季而皮膚濕毒熱毒者，每日使用 1 次。

**用途**

清熱祛濕，健脾胃，解毒排膿。

**注意事項**

脾胃虛寒者及孕婦慎服，以免引起腹瀉。

## 蜂蜜紫茉莉花茶

**材料**

乾紫茉莉花 15 克
綠茶茶包 1 包
蜂蜜或冰糖適量

**製法**

1. 將所材料以熱水沖泡 5 分鐘並放涼。
2. 依據個人口味將適量蜂蜜或冰糖加入攪拌後即可服用。

**用法**

每日服用 1 次，連服用 1 星期。

**用途**

清熱解毒，舒緩喉嚨痛。

**注意事項**

脾胃虛寒者及孕婦慎服，以免引起腹瀉。

## 外用

**材料**

紫茉莉果實 1- 2 顆

**製法**

將紫茉莉果實洗淨，研成粉末，調冷水即成。

**用法**

塗抹於患處，15 分鐘後使用清水沖洗乾淨，建議每日使用 1 次。

**用途**

改善葡萄瘡（皮膚起黃水泡、潰破流黃水）。

**注意事項**

使用前，建議在小區域進行皮膚測試，確保皮膚沒有過敏反應。如果出現任何不適，請停止使用並尋求醫療協助。

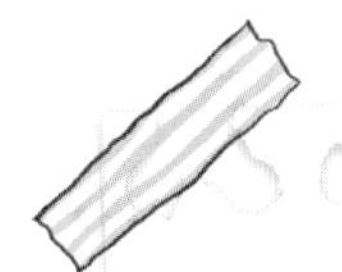

# 趣味小故事

紫茉莉有很多的別名，包括煮飯花、胭脂花等，不知道大家又是否知道它們名稱的由來嗎？

在林清玄《紅泉的故事》中提及到紫茉莉是鄉間最平凡的野花，無論在白天正午或黑夜中也沒有盛開，只有在黃昏夕陽將要下的時候，這個農民們結束了一天勞作的時侯，才快樂地開放出來。而這個時間點正正是農家婦女在家下廚做飯，所以它又被稱為「煮飯花」。林清玄亦表示：「紫茉莉是『農業社會的計時器』，紫茉莉一開，農民們就知道回家吃晚飯的時間到了。」

紫茉莉的花語也和「煮飯花」有關，在純潔、怯懦、膽小、質樸、玲瓏、猜忌、成熟美這幾個特質中，怯懦和膽小是因大部分花朵選擇在白天盛開，百花爭艷，而紫茉莉獨自在煮飯時悄悄盛開。但又在不同地方如鄉間生長故又有質樸純潔的一面。

紫茉莉同時早在《紅樓夢》中已提及：「這不是鉛粉，這是紫茉莉花種，研碎了兑上香料製的。平兒倒在掌上看時，果見輕白紅香，四樣俱美，攤在面上也容易勻淨，且能潤澤肌膚，不像別的粉青重澀滯。」紫茉莉在此亦被講述紫茉莉粉不比鉛粉的功用差，能使肌膚滋潤，變得不乾燥，所以又叫「胭脂花」。可見紫茉莉有美白護膚的功效，大家不妨可試一下。

**別名：**
杞、苦杞、枸忌

**植物來源：**
茄科　枸杞
*Lycium chinense* Mill.

枸杞能養肝明目，含有多種微量元素及抗氧化物，其莖葉味道清新，能作為蔬菜食用，是一種藥食兩用的多功能植物。

枸杞為落葉灌木，植株較矮小。蔓生，外皮灰色，具短棘；葉片稍小，卵形，無毛；花紫色，邊緣具密緣毛；花萼鐘狀；果實卵形或長圓形。

**傳統功效：**
枸杞以葉和根皮入藥。

**葉（枸杞葉）**：有補虛益精，清熱明目的功效。用於虛勞發熱，煩渴，目赤昏痛，障翳夜盲，崩漏帶下，熱毒瘡腫。

**根皮（地骨皮）**：有涼血除蒸，清肺降火的功效。用於陰虛潮熱，骨蒸盜汗，肺熱咳嗽，咯血，衄血，內熱消渴。

**種植難度：**★★★

**栽培條件：**

**壤土：**宜使用對壤土的適應性強、肥沃、保水良好、富含有機質的砂質壤土。

**陽光：**喜光，宜長時間日照，每日光照 6 小時以上為佳。唯在夏季，需適當遮蔭，防止曬傷。

**水分：**每 2-3 天澆 1 次水，保持泥土濕潤，需注意避免積水。

**施肥：**宜在春夏生長期每月補充氮、磷、鉀等量的複合肥。

**種植時長：**

在市場上買回來的枸杞菜，摘葉滾湯後，其莖枝就可以插在泥土中種植。種植約 3 個月後採收葉片。

**種植季節：**秋季、冬季

**種植方法：**種子繁殖

**栽培介質：**泥炭土、珍珠石、椰土

**適宜擺放：**陽台、花園

# 採收加工

**葉：**春季至夏季採收，鮮用。

**根皮：**於早秋、晚秋採挖根部，洗淨，剝取皮部，曬乾。

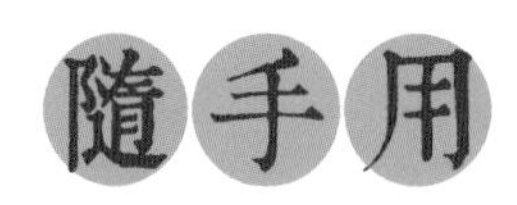

## 枸杞豬膶明目湯

### 材料

枸杞菜半斤　　豬膶 150 克
生薑 2-3 片　　油少量
生粉、黃酒、白糖、鹽各適量

### 製法

1. 枸杞菜以清水洗淨，然後將葉片全部摘下，留下莖枝。
2. 將豬膶洗淨後切成薄片，加入生粉，淘洗至去除所有黏液，然後以沸水煮至變色後撈起，用適量黃酒、白糖和鹽醃製 15 分鐘。
3. 將適量清水煮沸，加入生薑、油及枸杞莖枝，煮約 10 分鐘。
4. 將莖枝撈起，放入枸杞葉及豬膶，以中火煮約 10 分鐘，加鹽調味即成。

### 用法

定期飲湯食渣。

### 用途

潤肺養肝，明目下火，可以舒緩用眼過度導致的乾眼澀痛，熬夜上火帶來的不適。

### 注意事項

不宜與乳製品同服。

## 枸杞煎蛋

### 材料

枸杞菜適量　　枸杞子 5 克
雞蛋 5 隻　　鹽適量

### 製法

1. 將適量枸杞菜洗淨，去除老枝，留下嫩葉及嫩枝。
2. 將枸杞子用熱水泡發後撈起備用。
3. 將雞蛋打發後加入枸杞子，倒入預熱的油鍋中翻炒至半凝固狀態，加入枸杞菜拌炒，再加鹽調味即成。

### 用法

適時作為菜餚食用。

### 用途

補肝明目。

### 注意事項

不宜與乳製品同服。

# 涼拌枸杞

### 材料

枸杞菜適量　　蒜頭 5 瓣
豉油 1 茶匙　　麻油 2 湯匙
浙江醋 4 湯匙　白糖 3 茶匙
鹽 2 茶匙

### 製法

1. 將適量枸杞菜洗淨，去除老枝，留下嫩葉及嫩枝，沸水燙煮至熟透後撈起瀝乾，放量備用。
2. 將蒜頭切末，加入豉油、麻油、浙江醋、白糖及鹽，拌勻後澆到枸杞菜，即成。

### 用法

在覺得天氣炎熱，食慾不振時作為菜餚食用。

### 用途

消暑開胃，清肝明目。

### 注意事項

不宜與乳製品同服。

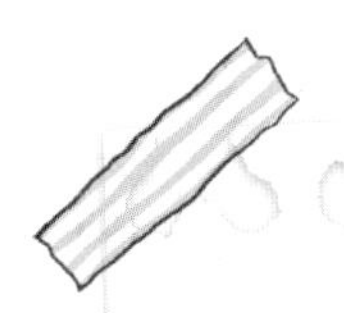

## 趣味小故事

説起枸杞菜，便會聯想到同樣具有滋補效果，常出現於食療中，有補益肝腎效果的枸杞子，到底兩者有甚麼關係呢？

根據《中國藥典》記載，枸杞子的唯一來源是植物寧夏枸杞 *Lycium barbarum* L. 的果實，而平時作為枸杞菜食用的品種所結的果實雖然與枸杞子相似，但藥用價值較差。而寧夏枸杞除了果實能入藥，其莖葉和根皮同樣能作為枸杞葉和地骨皮使用，不過坊間則較少採摘寧夏枸杞的莖葉作菜食用，因為大部分寧夏枸杞在栽培過程中的選育方向都以果實的品質為先，以提升枸杞子的產量，莖葉的口感和味道並不在考慮之列；相反，枸杞所結出的果實不作藥用，反而多食用其新鮮莖葉，故此選育過程中會特地考慮莖葉的產量、口感及味道，提高枸杞菜的銷量及產量。

雖然枸杞子和枸杞菜來自不同植物，但同樣能補肝明目，對經常使用電子產品的現代人來説都是良好的補益食材，定期食用對促進雙眼健康有一定幫助。

**別名：**
野萱花、交剪草、烏扇

**植物來源：**
鳶尾科　射干
*Belamcanda chinensis* (L.) DC.

射干是一種多功能的中草藥，更會開出鮮艷奪目的桔紅色花朵，是不少公園都會栽種的一種觀賞功能性植物。

射干為多年生草本。莖直立，叢生；葉扁平劍形，互相嵌疊，排成二列；花序頂生， 各花先後開放，前花萎，後花開，桔色而有紅色斑點。

**傳統功效：**
射干以根莖入藥，有清熱解毒，消痰，利咽的功效。用於熱毒痰火鬱結，咽喉腫痛，痰涎壅盛，咳嗽氣喘。

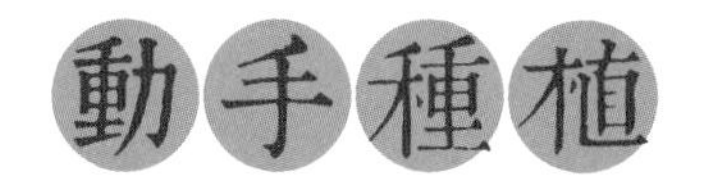


**種植難度：**★★★

**栽培條件：**

**壤土：**宜使用肥沃、排水良好的中性沙壤土為佳。

**陽光：**喜光，宜長時間日照，每日光照 6 小時以上為佳。唯在夏季，需適當遮蔭，防止曬傷。

**水分：**盛夏時，每週需澆 2-3 次水。其餘季節，每週 1 次，澆水至多餘水分從排水孔排出，需注意避免積水。

**施肥：**在春季及夏季開花期間，可以施加含磷較多的複合肥，秋冬應暫停施肥。

**種植時長：**

種植約 2-3 年後採收根莖。

**種植季節：**春季、秋季

**種植方法：**種子繁殖

**栽培介質：**泥炭土、珍珠石

**適宜擺放：**陽台、花園

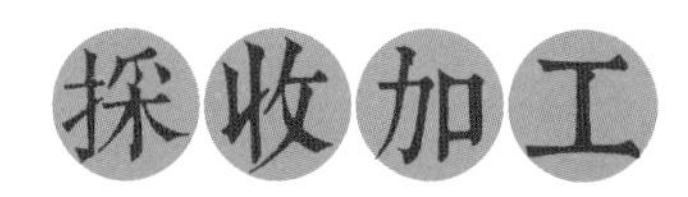


於春、夏季採收，洗淨，曬乾。

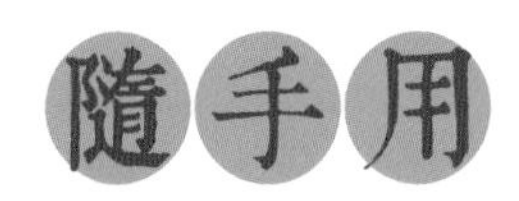

## 射干龍脷葉清熱湯

**材料**

射干 5 克　鮮龍脷葉 3-5 片
鹽適量

**製法**

1. 將射干預先浸泡清水約 15 分鐘。
2. 將鮮龍脷葉洗淨後放入鍋中，加入射干及浸泡所用的清水，再加水淹過所有材料。
3. 以大火煮沸後轉成中火煮約 15 分鐘，加鹽調味後即可飲用。

**用法**

在自覺上火，牙齦紅腫，口乾舌燥，咳嗽痰黃時在睡前飲用，連用 3 天。

**用途**

潤喉止咳，瀉火解毒。

**注意事項**

脾胃虛弱人士慎服。

## 射干強骨酒

**材料**

射干 10 克　白酒 100 毫升

**製法**

將射干及白酒以 1: 10 的比例放入已經高溫消毒過的玻璃容器中，於清涼陰暗處密封存放約 3 個月，開封即成。

**用法**

在感到肌肉疼痛時於晚上飲用 1 小杯，連用 1 星期。

**用途**

強健筋骨，舒緩日常勞損導致的肌肉及關節疼痛。

**注意事項**

脾胃虛弱人士慎服。

# 板藍根射干蜜飲

**材料**

射干 3 克　　板藍根 5 克
蜂蜜適量

**製法**

1. 將板藍根和射干洗淨後用適量清水浸泡約 15 分鐘。
2. 倒入鍋中，以大火煮沸後轉成中火煮約 30 分鐘，放涼後加入蜂蜜，拌勻即可飲用。

**用法**

在風熱外感，喉痛紅腫疼痛時飲用。

**用途**

消痰散結，清熱解毒，舒緩咽喉不適。

**注意事項**

風寒感冒者及脾胃虛弱人士慎服。

## 趣味小故事

新冠肺炎其中一個最明顯的上呼吸道感染病徵，是咽喉部的劇痛，患者每吞一次口水就如刀片劃過喉嚨一般，十分難受，故稱此為「刀片嗓」。這種情況主要是聲門和聲帶周圍的黏膜發生了充血水腫而導致的，在中醫學上，是外邪侵襲導致熱毒上越至咽喉的病徵，除了需要服用解表藥外，亦要添加一些解毒利咽的藥物，才能夠舒緩咽喉部的乾痛不適。

而在疫情最嚴重的期間，有不少朋友都受過刀片嗓的困擾，問可以用甚麼方法來舒緩喉嚨的痛楚，筆者便向他們推薦了一條包含了木蝴蝶、牛蒡子和射干的茶飲，有清熱解毒，疏風利咽的功效。

木蝴蝶、牛蒡子和射干均是具利咽作用的藥材；木蝴蝶可以清肺疏肝，射干能清熱、消痰、解毒，牛蒡子則可疏散風熱，並有宣肺的作用，三者合用配伍對外感風熱所導致的咽喉劇痛有良好的治療效果。當中的射干，根據《本草綱目》的記載，能降火，是古代治喉痹咽痛的要藥，擁有顯著消除咽喉腫痛的作用。

除了新冠肺炎導致的刀片嗓，此方亦適用於其他因為風熱感冒導致的喉嚨發炎疼痛，但是外感除了寒熱之分，亦可能兼夾不同證型，所以需諮詢專業中醫師的意見，配合其他藥物治療。

**別名：**
白蘭花、白玉蘭、把兒蘭

**植物來源：**
木蘭科　白蘭
*Michelia x alba* DC.

白蘭的學名包含了 一個「x」符號，這個「x」正正代表着白蘭是雜交品種，由黃玉蘭 *Michelia champaca* L. 和山含笑 *Michelia montana* (Blume) Figlar 自然雜交而成的含笑屬品種。

白蘭為喬木。樹皮灰色。葉互生，葉片長圓形或披針狀橢圓形，兩面無毛，小脈網狀；葉柄上有短的托葉痕跡。花白色，清香，萼片長圓形，夏季盛開，少結果。

**傳統功效：**
白蘭以花及葉入藥。

**花（白蘭花）**：有化濕，行氣，止咳的功效。用於胸悶腹脹，中暑，咳嗽，前列腺炎，白帶。

**葉（白蘭葉）**：有清熱利尿，止咳化痰的功效。用於泌尿系統感染，小便不利，支氣管炎。

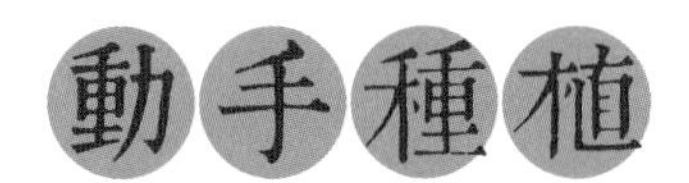


**種植難度：★★★**

**栽培條件：**

**壤土：** 宜使用肥沃、含腐殖質、排水良好的微酸性砂質壤土。

**陽光：** 喜光，宜長時間日照，每日光照 6 小時以上為佳。唯在夏季，需適當遮蔭，防止曬傷。

**水分：** 每週 1 次，澆水至多餘水分從排水孔排出，需注意避免積水，在盆土略乾時不必澆水。

**施肥：** 宜在春季開始施肥，在根部施富含氮的肥料（如乾血粉），其後每月 1 次，直至夏季。夏季至秋季每半個月施 1 次複合肥。冬季不施肥。初見花蕾時，可追加施 1-2 次含磷水溶肥。

**種植時長：**

種植約 1 年後採收花和葉。

**種植季節：** 春季、秋季

**種植方法：** 扦插繁殖

**栽培介質：** 泥炭土、珍珠石、陶粒、塘泥

**適宜擺放：** 花園

# 採收加工

**花：** 於夏、秋二季開花時採收，鮮用或曬乾。

**葉：** 於夏、秋二季採摘，洗淨，鮮用或曬乾。

## 白蘭花乾花香包

**材料**

鮮白蘭花適量

**製法**

1. 將鮮白蘭花花瓣自然風乾至一定程度。
2. 將花瓣放入家用焗爐中以 50-80°C 烘烤至全乾。
3. 烤至全乾後，將白蘭花裝到布袋裏，把開口縫好或束好便完成了。

**用法**

隨身攜帶使用。

**用途**

提神，安神，淨化空氣。

**注意事項**

- 痰熱咳喘者不宜使用。
- 孕婦慎用。

## 白蘭花水

**材料**

白蘭花、白蘭葉共 30 克
蜂蜜適量

**製法**

將所有材料用水煎至沸騰後加適量蜂蜜服用。

**用法**

早晚各服 1 次。

**用途**

止咳化痰。

**注意事項**

- 痰熱咳喘者不宜使用。
- 孕婦慎用。

# 白蘭烏龍茶

**材料**

白蘭花 10 克　烏龍茶葉 5 克
冰糖或蜂蜜適量

**製法**

將白蘭花及烏龍茶葉用熱水沖焗即可飲用，根據個人喜好加冰糖或蜂蜜調味。

**用法**

需要時飲用。

**用途**

天氣炎熱，頭昏腦脹，胸悶不適時用。

**注意事項**

- 痰熱咳喘者不宜使用。
- 孕婦慎用。

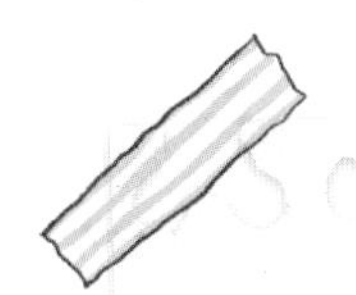

## 趣味小故事

每年的4至9月，炎炎夏日裏，我們都可以在街上聞到淡淡的花香，是白蘭樹上盛開的白蘭花，也是路邊一些公公婆婆擺在路邊販賣，從樹上摘下，包裝完成的白蘭。他們濃烈芳香的氣味幾乎成為了香港夏日的象徵，當走在路上無意間聞到白蘭花香，就會不經意地慨嘆：「夏天又開始了呢。」

從上世紀七、八十年代開始，就開始流行以白蘭花作為裝飾，街道上售賣白蘭花的婆婆以二至十元的價格把白蘭賣給穿着時髦的女郎簪於耳邊作為裝飾，隨着走動散發清雅花香。時至今日，白蘭花依然為不少人所喜愛，逐漸成為了香港人的集體回憶，融入了多種產品，例如白蘭花香水和白蘭花甑酒，讓這芳香代代流傳。

白蘭花在香港歷史悠久，因為樹形筆挺，生命力頑強，一直是庭院和路邊的常見賞花喬木，在香港動植物公園中更有一棵樹齡過百年的白蘭樹，見證香港的變遷和成長。

**別名：**
西南槲蕨、大飛龍、毛根蕨

**植物來源：**
骨碎補科　骨碎補
*Davallia mariesii* Moore ex Bak.

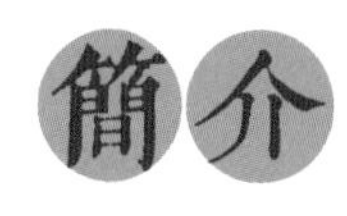


骨碎補是一種廣泛應用於骨折、跌打損傷等疾病的中藥，平時會用來烹調續筋強骨的保健食療而受歡迎，對舒緩骨質疏鬆和風濕骨痛亦有一定幫助。

骨碎補為匍匐生長，根狀莖密被鱗片，鱗片斜升，盾狀，邊緣有齒。葉片披針形，邊緣有不明顯的疏鈍齒，葉脈兩面明顯孢子囊群圓形，葉片下面全部分佈。

**傳統功效：**
骨碎補以根莖入藥。有療傷止痛，補腎強骨的功效；外用消風祛斑。用於跌扑閃挫，筋骨折傷，腎虛腰痛，筋骨痿軟，耳鳴耳聾，牙齒鬆動；外用治斑禿，白癜風。

種植難度：★★★

**栽培條件：**
**壞土：**宜使用肥沃、富含腐殖質的沙礫壞土為佳。
**陽光：**喜陰，忌強光，以每日 3-6 小時散射光為佳，需要注意遮光，避免直射太陽。
**水分：**每週澆水 2-3 次保持泥土濕潤，需注意保持環境通風並避免積水
**施肥：**每 2-3 個月補充氮、磷、鉀等量的複合肥。

**種植時長：**
建議分株繁殖，栽種約半年。

**種植季節：**春季、秋季
**種植方法：**分株繁殖
**栽培介質：**泥炭土 / 椰土、珍珠石
**適宜擺放：**陽台、花園

全年均可採收，除去泥沙，乾燥。

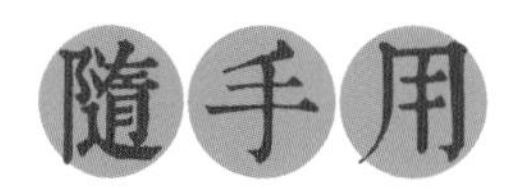

## 骨碎補跌打酒

**材料**

骨碎補 100 克　　白酒 1 升

**製法**

將骨碎補弄成碎塊，加入白酒中，密封儲存浸泡 1 個月即可。

**用法**

定時於睡前飲用 1 小杯。

**用途**

補腎強筋，外用舒緩扭傷疼痛。

**注意事項**

陰虛內熱及無血瘀者慎服。

## 骨碎補豬肉湯

**材料**

骨碎補 20 克　　豬瘦肉 100 克

豉油、糖各適量

**製法**

1. 將骨碎補去外皮毛刺，然後泡水 15 分鐘。
2. 將豬瘦肉切片後以沸水燙煮，去除異味和血水，再以適量豉油及糖醃製約 15 分鐘。
3. 將骨碎補和豬瘦肉一起放入鍋中，加水適量，用中火煮約 20 分鐘即成。

**用法**

感到疲勞，出現腰酸可以服用。

**用途**

滋陰潤燥，補腎強骨，舒緩疲憊。

**注意事項**

陰虛內熱及無瘀血者慎服。

外用

**材料**

鮮骨碎補 20 克
麪粉適量

**製法**

1. 將鮮骨碎補去外皮鱗片，再打成碎末。
2. 加入打成碎末的骨碎補及適量麪粉，混合搓揉成糊狀，敷於患處即可。

**用法**

在扭傷或進行關節復位手術的康復期外敷患處。

**用途**

用於關節扭傷，舒緩疼痛，促進復原。

**注意事項**

使用前，建議在小區域進行皮膚測試，確保皮膚沒有過敏反應。如果出現任何不適，請停止使用並尋求醫療協助。

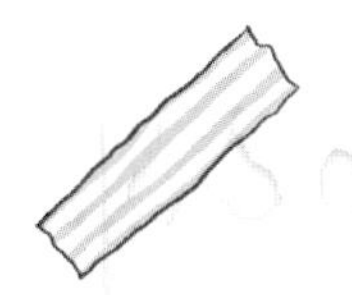

## 趣味小故事

在眾多中藥中，骨碎補這類中藥從名字中便已說明了它的藥效及主治對應證都與跌打損傷等有關。骨碎補這種中藥雖然在跌打損傷上有奇效，但在唐朝前知名度並不高，直到皇帝唐玄宗李隆基，以其治療跌打損傷骨折，補骨碎，功效極其顯著，故下詔賜其「骨碎補」之名，才開始聲名大噪，成為跌打要藥之一。而在歷代本草中，能由九五至尊親自賜名的中草藥亦絕無僅有，證明了其珍貴性。而在現代研究中可知，骨碎補除了能促進骨折癒合，更能防止骨質疏鬆，促進牙周膜的細胞增生，是一種促進骨骼健康的保健功能性中藥。

# 泥土栽培

## 介質類型簡介

泥土栽培是指栽培介質、土壤，或其他供植物附着或固定，並維持植物生長發育的物質。不同介質的營養成分和物理特性，通過選用和混合不同的介質，能模擬不同的植物的原生環境。以下是一些種植常用的介質類型，可以根據文中植物所喜好的土壤特性選擇。

**泥炭土**

泥炭土是缺氧情況下，腐殖質化的植物殘體積累並形成泥炭層的土壤，呈深棕色，質地細膩，富含有機質，酸性較強，能為植物提供充足的營養及水分，通常作為主要介質使用。

| 優點 | 缺點 |
| --- | --- |
| 吸水及保水性佳<br>肥沃 | 透水性較差<br>一經乾燥後容易吸水困難<br>缺少植物所需要的其他礦物質 |

**珍珠石**

珍珠石是天然石灰岩的一種，經高溫燒成的多孔隙白色顆粒狀介質，質地較輕，堅硬不易碎，通常用作調整介質透氣性使用。

| 優點 | 缺點 |
| --- | --- |
| 透氣性強<br>排水性良好 | 較貧瘠，<br>不能為植物提供養分 |

**椰土**

椰土是從椰子殼的木質纖維提煉而成，質地輕身，深棕色，可見一條條的椰子殼纖維，可以作為泥炭土的替代品。

| 優點 | 缺點 |
| --- | --- |
| 保水性強<br>透氣性強 | 貧瘠，保肥力弱 |

**陶粒**

陶粒是一種質輕，有蜂窩狀結構的物料，由黏土經過 1200°C 高溫燒製而成，質地輕身，深棕色球狀，有不同尺寸大小可供選擇，通常作為花盆底部介質使用，防止泥土堵塞花盆排水口。

| 優點 | 缺點 |
| --- | --- |
| 透氣性強<br>排水性良好 | 質地粗糙，植物根部難以抓緊附着以吸收營養 |

**水苔**

水苔是一種苔蘚植物的乾燥體，呈棕黃、黃綠色，乾枯植物狀，狀似羽毛，可見植物的莖及葉，使用前應先泡水 30 分鐘，再擰乾使用，多用作附生植物的介質。

| 優點 | 缺點 |
| --- | --- |
| 保水性強<br>透氣性強<br>營養豐富 | 容易腐爛或霉變 |

**塘泥**

由池塘中的淤泥曬乾而成，質地比較堅硬，顆粒細膩，富含有機質，大多需要在使用前用水軟化及打碎，再混合其他介質使用，多用於水生植物及果樹的栽培。

| **優點** | **缺點** |
| --- | --- |
| 肥沃<br>保水力強<br>黏性高，質重，<br>能防止植物倒塌 | 排水性較差<br>透氣性較差<br>容易對不耐肥植物造成肥害 |

大部分植物對土壤的要求有三點：

肥沃性・保水性・透氣性

土壤肥沃說明內含豐富的腐殖質，能提供植物生長所需要的養分；泥土的保水性決定了澆水的頻率，有防止植物脫水的作用，而植物根部亦會進行呼吸作用，所以泥土中需要保留一定的空隙，以保證根部細胞存活。園藝店還有多種不同的介質可供選擇，可以依照其保水力、透氣性、以及酸鹼度等性質衡量需求購買，市面上亦有已混合不同介質調配而成，適合不同植物的培養土可供購買，然而每人的栽種習慣及居家環境不同，所以仍需要依照植物狀態及反應，適時作出調整，才可為植物提供一個適合的生長環境。

# 水培種植

水培或水種，又稱為養液栽培，意謂用營養液來代替傳統種植所使用的泥土。水培種植擁有諸多獨特優勢，包括：

**需求空間較少：** 不需要考慮泥土的深度，只要營養液淹過植物根系便足夠提供養分。

**病蟲害較少：** 避免了因為土壤污染中所出現的細菌、真菌、害蟲感染，也不會出現雜草等問題。

**生長速度較快：** 營養液中所含營養豐富，植物較容易汲取所需養分快速生長。

然而，水培種植亦有一定的局限性：

**只適用於特定植物：** 大部分適合水培的都是小型草本植物，大型木本植物需要發達的根系抓緊泥土團以支撐其向上生長防止倒塌，原生環境較乾旱貧瘠的植物亦不適宜使用水種作為栽培方法。

**較昂貴：** 需要自己調配並定期補充營養液，不同品種的植物所需的營養液存在差異性，在種植初期需要不斷調整配方。

**需要室內環境：** 水種植物大多建議在室內栽種，以免溫度過高導致根部受損，故此需要配備植物生長燈提供足夠光照。

### 水耕栽培條件

**容器：** 建議使用透明容器，方便觀察植物根系生長以及水質的情況。建議容器具有合適的高度與直徑，讓植物的莖部能夠直立固定。

**營養液：** 可參考市售適合水培栽種的液態肥料選擇，視乎各種植物的需求保持適當的養分濃度和酸鹼值，常見的養分有氮、磷、鉀等。

**水：** 建議定時換水及洗去植物根部所產生的黏液，以防止細菌滋生導致感染。

**肥料：** 泥土栽培所使用的肥料未必適合用於水培，建議使用水培專用液肥。

**環境：** 需要擺放在空氣流通的地方，並避免高溫。

**陽光：** 在進行水培種植時需要格外注意植物與陽光接觸的時長。大多水培植物都使用透明容器，當陽光長期照射，容易出現營養液溫度上升的情況，影響植物根系的生長甚至灼傷根系。陽光亦會讓營養液中的藻類快速生長，與植物爭奪營養，或依附於根系妨礙植物呼吸。故此建議將每日日照限制在 3-5 小時內，多使用室內燈作為光源。

除了直接將植物根系放入如營養液中進行栽培，水培亦適合可進行營養繁殖的植物。一些植物的葉片或莖在泡水後會生出新根和新芽，形成一個新的個體。即使家中沒有擺放花盆和泥土的空間，都可以考慮用水培植物來增添生活情趣，為家中添上一抹翠綠和生命力。

中醫藥食療手冊 3

# 陽台上的中草藥隨手用

統　籌：　香港高等教育科技學院、中國醫藥及文化研究中心
主　編：　區靖彤
責任編輯：　周芝苡、周嘉晴
圖片提供：　Freepik (P.97, 101)，Unsplash(P.119)，Pixabay(P.138)
裝幀設計、排版：吳廣德
出 版 者：　萬里機構出版有限公司
香港英皇道 499 號北角工業大廈 20 樓
電話：(852) 2564 7511
傳真：(852) 2565 5539
電郵：info@wanlibk.com
網址：http://www.wanlibk.com
https://www.facebook.com/wanlibk
發 行 者：　香港聯合書刊物流有限公司
香港荃灣德士古道 220-248 號荃灣工業中心 16 樓
電話：(852) 2150 2100
傳真：(852) 2407 3062
電郵：info@suplogistics.com.hk
網址：http://www.suplogistics.com.hk
承 印 者：　寶華數碼印刷有限公司
香港柴灣吉勝街 45 號勝景工業大廈 4 樓 A 室

出版日期：　二〇二四年七月第一次印刷
規　　格：　特 16 開（230mm X 160mm）



ISBN 978-962-14-7557-2

免責聲明：　書中的食譜及資訊只供參考，不同人士體質各異，如有需要，請先向註冊中醫師或中藥藥劑師諮詢具體情況。